pindu shijie jianzhushi

品读世界建筑史

·快速品读经典·

最新修订版

陈文斌◎主编

北京工业大学出版社

图书在版编目(CIP)数据

品读世界建筑史/陈文斌主编. —修订本. —北京：北京工业大学出版社，2013.8

　(快速品读经典丛书)

ISBN 978-7-5639-1718-1

Ⅰ. ①品…　Ⅱ. ①陈…　Ⅲ. ①建筑史—世界　Ⅳ. ①TU-091

中国版本图书馆 CIP 数据核字(2013)第 154126 号

品读世界建筑史

主　　编：陈文斌

责任编辑：姜　山

封面设计：胡椒设计

出版发行：北京工业大学出版社

　　　　　（北京市朝阳区平乐园 100 号　　100124）

　　　　　010－67391722（传真）bgdcbs@sina.com

出 版 人：郝　勇

经销单位：全国各地新华书店

承印单位：北京通天印刷有限责任公司

开　　本：787mm×1092mm　1/16

印　　张：19

字　　数：303 千字

版　　次：2013 年 8 月第 1 版

印　　次：2013 年 8 月第 1 次印刷

标准书号：ISBN 978-7-5639-1718-1

定　　价：28.00 元

经典的力量是无穷的

关于经典

　　人的一生很短暂，没有足够的时间去学习与品读所有的书籍。但是，人生的成功又需要足够的知识为积淀。无数成功者的经验告诉我们：解决矛盾的最佳办法就是——品读经典。

　　经典的内涵是丰厚与庄严的。先哲大师们为了洞悉人从哪里来，人到哪里去的困惑；为了解构星空日月的奥秘；为了明朗人神鬼怪的存在与虚无，穷尽了智慧，著述了流芳千年的经典史书。今天的我们，品读着先哲的经典，汲取着巨擘的智慧，就犹如站在巨人的肩上，能快速地掌握知识的精粹，迅速地接近成功的顶点。

　　经典的品读是必须与必备的。品读自然科学的经典，会让我们明白时间与空间是可以延展的，科学技术是可以创新的，是可以用我们的信心与努力创造美好的生活的；品读人文科学的经典，会让我们明白生活的智慧与生存的意义，会启蒙我们的感悟能力与形象思维，会培养我们建立高尚的人生观与世界观。

　　经典的力量是无穷的。知识就是力量，就是勇气，就是信心。品读经典，会快速完备我们的知识积累，会快速提升我们的素质修养，会警醒我们迅速描绘更加绚烂的人生蓝图，会让我们更快的接近人生地完美和成功。

　　今天我们品读经典，明天我们将收获成功。

关于本书

　　建筑是人类站立在地球上的最恢弘的风姿。

　　人类从远古时期的凿洞而居，到今天的万丈高楼，其间经历了难以描述的艰辛与努力。人类建筑文明发展与社会文明的发展是同步的。一

座伟大的建筑，容纳了人类物理力学的丰厚底蕴，彰显了人类手工业制造者的奇技淫巧，承载了人类开拓创新的勇气与决心。

本书从上古时期开篇，一一再现了人类建筑的非凡智慧。金字塔五千年永屹的奥秘是什么？古罗马角斗场是古代建筑的巅峰吗？科隆大教堂是歌特式建筑的璀璨华彩吗？克里姆林宫见证了俄罗斯帝国的兴衰吗？悉尼歌剧院是海浪托起的不陨的风帆吗？卢浮宫剔透的水晶折射的是人类聪慧的心灵吗……本书怀着景仰与虔诚的情怀，如数家珍般将人类建筑史上最具代表性、最美丽、最辉煌的建筑神话给予了生动、专业、翔实、有趣的记述。

每一座建筑背后都有一个动听的故事，每一座建筑的年轮都记载了一段鲜为人知的历史，每一座建筑的脚步都烙印了人类文明的辉煌。

打开本书，就明晰了建筑科学的奥秘；品读本书，就观览了地球上最伟大的奇观。

愿与读者朋友共勉。

目 录
contents

◉ 第四章 文艺复兴建筑

（公元14—16世纪末）

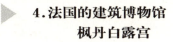

品读

经典丛书

埃及、爱琴海地区、西亚、印度、中国和美洲都是人类文明的发源地。在这里人们创造了自己的建筑，有的已经消失在人类文明的长河中，有的还有残存的遗址。埃及的金字塔和神庙，爱琴海克里特岛的弥诺斯王宫、迈锡尼卫城狮子门等都是遗留下来的远古时期的代表性建筑。被称为两河流域的西亚，由于其建筑普遍以土为原料，所以几乎没有留下一座完整的古代建筑。

埃及文化是人类最古老的文化，其建筑也是世界上最古老的建筑。金字塔是埃及最具有代表性的建筑，是世界七大奇迹之一，其内部的建筑技术和建筑结构体现出惊人的物理学、几何学、数学、天文学等方面的丰富知识。它有的面用正方形，有的用正三角形，使金字塔的整体形象成为简单而稳定的正四棱锥体。这种高大稳健的正四棱锥体使金字塔外观更雄伟、更有气魄，充分显示了纪念性建筑的不朽与永恒，是埃及文明和智慧的象征。

随着奴隶制国家的产生，政治、经济、文化的不断发展，代表爱琴海文化的建筑开始追求华丽和舒适，没有了之前建筑的沉郁荒凉。弥诺斯王宫是此时最具有代表性的建筑。弥诺斯王宫在建造时，结合当地的气候和地形，建成了一座迷宫式建筑。这种建筑布局并非杂乱无章，而是当时人们创造舒适生活的能力与智慧的体现。粗壮的圆柱是弥诺斯王宫的主要材料，这为后世欧洲建筑奠定了形制的基础，其整体建筑风格对后世建筑产生了深远影响。

◎ 第一章

上古建筑

（约公元前 3000 年）

1 建筑史上的丰碑
>>> 金字塔

人文地图

　　金字塔是埃及文明的象征，是古代埃及人智慧的结晶。当初与它并称为世界七大奇迹的建筑，在历经数十个世纪的自然侵蚀和人为破坏后，多数已倾塌毁坏，化为乌有。唯一存在的只有埃及的金字塔。数千年来，它经受住了太阳的炙烤、风雨的吹打和强烈的震动，仍然稳固地伫立在尼罗河畔，接受着时间的洗礼，作为人类建筑艺术史上不朽的丰碑，俯视着人们对它的顶礼膜拜。

品读要点

　　金字塔是古代埃及法老的陵墓。埃及人叫它"庇里斯"，意思是"高"。因为从四面望去，它的等腰三角形的形状很像中文的"金"字，所以，人们形象地叫它"金字塔"。迄今为止，埃及共发现金字塔90多座，其中最著名的当属吉萨金字塔群，它包括大金字塔（也叫胡夫金字塔）、哈夫拉金字塔及旁边的狮身人面像和门卡乌拉金字塔。

　　据说，公元前2610年，埃及第四王朝的第三位法老哈夫拉，在巡视自己快要竣工的陵墓时，发现采石场还有一块弃置的巨石，他灵机一动，命令石匠按照自己的脸型雕刻了这座雄伟的狮身像。此后，在漫长的岁月中，滚滚的黄沙将这座石像渐渐掩埋。直到1000多年以后，埃及第十二王朝的杜德摩西四世才使它重见天日。说到这儿，还有一个有趣故事，传说，当杜德摩西四世还是王子的时候，有一天他在沙漠中狩猎，无意中睡着了，做了一个奇怪的梦。他梦见一个狮身人面像向他求助，请他把自己从黄沙中拯救出来，并承诺帮助他成为法老王。杜德摩

西四世醒来后认为这是天意，立刻派人在梦中石像指引的地方进行清理，果然，发现了掩埋于地下的狮身人面像。后来他真的成为了法老王，这件事就作为神迹记载在狮身人面像巨大前掌间的石碑上。

　　狮身人面像代表着狮子的力量和人类的智慧，象征着古代法老的智慧和权力。整座雕像高22米，长57米，面部长约5米，头戴国王的披巾，额上有蛇的标志。雕像下巴原有的胡须，现陈列于大英博物馆。

　　关于金字塔的最早的文字记载见于公元前5世纪古希腊历史学家希罗多德所著的《历史》一书。相传，曾经征讨欧亚大陆、叱咤一时的马其顿国王亚历山大在征服埃及后，曾进入胡夫金字塔里独自冥想。但真正引领后人注意到这一旷世奇迹的，还是雄霸风云的拿破仑。那是在1758年，拿破仑带领军队，意图东征印度，路经埃及时，意外发现了这座沉睡了数千年的辉煌古迹。雄心勃勃的拿破仑在狮身人面像前留下了千古名言来鼓励他的将士为他开拓帝业："士兵们，以往4000年历史在它后面瞠目注视着你们。"之后，170多名随军学者对埃及的金字塔及其他名胜古迹和风俗民情，展开了广泛的调查，整理了大量资料，并出版了题为《埃及志》的图书版画集。不久一位法国军官又发现了拉希德

>>> 雄伟壮观的狮身人面像高22米，长约57米，由石灰岩雕刻而成。在数千年的风雨剥蚀下，它的面目已经有些模糊，但其气势与壮美却依旧震撼着每一位仰视它的人。

>>> 在尼罗河畔，有许多这样的世界著名古迹。

石碑，经过破译，古埃及象形文字之谜被解开。自此古埃及灿烂的文明被世人所知，震惊了西方，许多学者、冒险家、考古队、古董商接踵而来，研究、挖掘这处让人叹为观止的奇迹。

金字塔是古埃及文明的代表，是埃及的象征，其中，胡夫金字塔更被前人尊为世界七大奇迹之首。它高146.5米，在1889年巴黎埃菲尔铁塔落成前，一直是地球上最高的建筑物。它的底面呈正方形，边长约230多米，四边相差不到20厘米。四个角极为准确地指向东、西、南、北四个方位。塔身由230万块大小不一的巨石组成，最小的重1.5吨，最大的达160吨。石块都是经过打磨，并按照锥形的体积计算出每一块的几何斜度，然后层层垒砌的。这需要极为精密的测量技术。在石块与石块之间并没有任何的黏结物，却叠合得天衣无缝，即使在现在，也很难将一把锋利的薄刀片插进去。为了保证不被腐损，整个金字塔的建构中没有一根木料和铁钉，可以说是建筑史上的奇迹。

胡夫金字塔以其高度的建筑技巧令人啧啧称奇，它的建造过程更是超乎人们的想象。据希罗多德的《历史》一书记载，修建这一金字塔工程极为浩繁巨大，法老调动役使了全埃及的人，平均每10万人为一班轮番工作，3个月轮替一次。

胡夫金字塔是用上百万块巨石垒起来的，在当时，既无轮车、吊车、滑轮、绞索这样的起重、装卸设备，也没有炸药和钢钎，甚至连马车都没有，这些巨石如何开采和运输让后人费解。金

金字塔（Pyramid）：有正方形底和向中心倾斜而相交于一点的4个斜面的正方锥体。

字塔所用的石块，有的就近取材，有的必须到尼罗河东岸的采石场或更远的地方采集。巨石被运送到建筑地点后，工人们会将四周的天然沙土堆成斜面，把巨石沿着斜面拉上金字塔。就这样，堆一层土，砌一层石，逐渐加高金字塔。工人们得花10年搭建运建材的斜坡，然后再用20年的光阴将金字塔完成，前后至少要用30年才能完成。

金字塔不仅外观雄伟，内部结构也相当复杂。传说它的入口极其秘密，无人知晓。9世纪时，人们从该塔的北面开了一个洞口，发现在塔基13.7米高的上部，有一以石材砌成的真正入口。从这个入口沿着向下倾斜的通道前进，里面像迷宫一样曲折。通道有整齐的台阶，脉络一样地向墓室延伸，直到很深很深的地下。

在地平线以下30多米深有一间石室，石室里有一条倾斜的甬道。沿着甬道上行，又有一条水平支道，在支道的尽头有一个房间，人们称它为"王后墓室"，这里并没有任何棺椁。从甬道折回，沿上倾的甬道前行，就是一道长廊。走到尽头，出现互通的两个房间，里大外小，顶盖是平的，称为"国王墓室"。胡夫的棺椁就停放在这间大房间里，可里面是空的，木乃伊早已不存在。在"国王墓室"南北两面墙上，各有一个细小的气孔，直通墓室外面，这两条气孔，一条对准天龙座（永生），一条对准猎户座。学者们认为开凿这两气孔是为了让法老的灵魂能够自由出入。埃及宗教相信人死之后，可以进入另一个世界里继续"生活"，就像植物在冬天枯萎，来年可以再生一样。古埃及人认为银河旁的猎户座，就是死去的法老在天堂的居所，而金字塔则是法老的肉体在人间的居所。他们相信，当法老死后，他的灵魂将会透过金字塔内的上升通道，到达猎户座。在墓室的顶部砌着五层房间，每层以大石板隔开，最上层的顶盖呈三角形，便于减轻塔顶的压力。这些石室与通道都是用磨得十分光滑的石块重叠垒成，内有精彩的雕饰和各种陪葬物品。

金字塔矗立于世，不能不使人由衷地赞叹埃及古代文明的伟大。因为它的建筑技术在许多方面都是不可思议的，表现出相当丰富的物理学、几何学、数学和天文学知识和惊人的科学水平。天文学家比亚兹·史密斯把金字塔看做是"石头的圣经"，因为通过它可以测算出地球的直径以及与太阳的距离，能推算出每年的天数、岁差时间的长短等一系列数据。如

>>> 在古埃及的底比斯的发掘中，考古人员得到了这些制作精美的彩绘木质盒，盒上所绘的人物表情生动，衣着色彩鲜艳。考古学家分析，这是赫努行美伊的陪葬人及俑盒。距今3250余年。

>>> 从天空俯瞰人类的伟大杰作——金字塔。

金字塔的自重×1015＝地球的重量；金字塔的塔高×10亿＝地球到太阳的距离；金字塔的底周长÷（塔高×2）＝圆周率（π≈3.14159）。

种种离奇的巧合，使人们不禁对它的制造者做出种种的探索和假设。有人认为，胡夫金字塔是由亚特兰蒂斯岛先民所造。该岛在公元前10000年曾创造过辉煌的文明，后来突然沉于海底。岛上的科学家们提前撤离，一部分人带着科技资料在埃及建立了科学中心，并参照该岛的庙宇形状建造了胡夫金字塔，并把他们的全部科学知识隐藏于塔的内部结构中。另外，还有人认为，胡夫金字塔并不是法老的陵墓，而是外星人到达地球上的一个降落地点，在里面储藏着重要文献。他们才是金字塔真正的制造者，金字塔是他们观察苍穹、了解星辰运行的天文台和测绘土地、计算时间的多功能计算器。还有人说，胡夫金字塔内的真正殡宫尚未被发现，吉萨三座金字塔的下面有一座完整的地下城市，连通着地面上所有的金字塔……

 品读札记

金字塔似乎有着无穷的魔力，几个世纪以来，一直引发着人们不断地探索和追寻。埃及有句谚语说："一切都惧怕时间，而时间却惧怕金字塔。"就连时间都已经成为金字塔这旷世奇迹的证明。

2 历史留给现代的谜
>>> 弥诺斯王宫

人文地图

　　爱琴海地区是人类文明的发源地之一，而弥诺斯王宫是爱琴文明最有代表性的遗迹。与其他古迹的沉郁荒凉不同，弥诺斯王宫的建筑风格开朗明快、舒适豪华，与它有关的希腊神话故事更为它增添了引人入胜的神秘色彩，极富建筑美感与传奇色彩。

品读要点

　　在希腊神话中有这样一个跌宕曲折的故事。那是在远古时代，有一个叫弥诺斯的国王，他统治着克里特岛。弥诺斯的儿子在雅典被人阴谋杀害了。为了替儿子复仇，弥诺斯向雅典宣战。在天神的帮助下，雅典被施以灾荒和瘟疫。为了避免更大的伤亡，雅典人被迫向弥诺斯王求和。弥诺斯同意了，但条件是雅典人必须每年进奉7对童男童女到克里特岛。原来，弥诺斯在岛上的迷宫里，养了一只人身牛头的怪兽，它是弥诺斯之妻帕西法厄与一头公牛产下的怪物，生性凶狠残忍，以吃人为乐。7对童男童女就是供奉给它吃的。雅典人为了生存只能接受这个屈辱的要求。这一年，又到了供奉童男童女的时候。雅典城内一片哀鸣，有童男童女的家庭都惶恐不安，害怕灾难的到来。雅典国王爱琴的儿子忒修斯看到人们遭受这样的不幸十分难过。他义愤填膺，决定和选中的童男童女们一起到克里特岛去，杀死那头残害生灵的怪兽，解除人们的苦难。他的父亲爱琴为儿子的勇敢骄傲，可又担心他的安危。因为牛怪所栖身的

>>> 相传在弥诺斯王的宫殿中有一只怪物，一半是牛，一半是人，雅典每年都要送7对童男童女供这个怪物食用。

迷宫，道路曲折纵横，人一进去就会迷失方向，根本别想出来，忒修斯极有可能葬身其中。但国王拗不过儿子，只好同意了。于是，这天雅典民众就在哭泣的悲鸣声中，送别了忒修斯和七对童男童女。忒修斯和父亲约定，如果杀死怪兽，他就在返航时把船上的黑帆变成白帆。

忒修斯带领着童男童女在克里特上岸了。他的英俊潇洒引起了弥诺斯国王的女儿——美丽聪明的阿里阿德涅公主的爱慕。公主向忒修斯表达了自己的爱情，并决定帮助自己的爱人。她送给忒修斯一把无比锋利的魔剑和一个可以辨别方向的线球，来对付迷宫里的怪兽。忒修斯有了宝物相助，信心百倍。他一进入迷宫，就将线球的一端拴在迷宫的入口处，然后放开线团，沿着曲折复杂的通道，向深处走去。很顺利地就找到了怪物，经过一场恶战。他终于用手中的魔剑，杀死了这头凶猛的怪牛。然后，他顺着线团，完好无损地走出了迷宫。忒修斯带着童男童女还有阿里阿德涅公主逃出了克里特岛，起航回国。

经过几天的航行，他们终于看到雅典了。忒修斯和他的伙伴兴奋异常，又唱又跳，但激动的忒修斯却忘了和父亲的约定，没有把黑帆改成白帆。一直翘首等待儿子归来的爱琴国王在海边看到归来的船挂的仍是黑帆时，以为儿子已被怪兽吃掉了，他悲痛欲绝，纵身跳入大海自杀了。为了纪念他，他跳入的那片海，以后就叫做爱琴海。而"克里特岛的迷宫"也千古流传。千百年

>>> 弥诺斯宫殿的想象复原图。

来，人们都认为这只是一个传说而已。

在1900年，英国考古学家阿瑟·伊文思率领考古队来到了地中海的克里特岛。他一直想找出传说中的迷宫。经过3年的艰苦发掘，他在克里特岛的克诺索斯发现了一座有5层、1000多间房间的巨大王宫。全面的挖掘工作一直持续到1931年，这座湮灭的宫殿终于重见天日。伊文思确信这就是传说中的迷宫。经考证，弥诺斯人似乎是在公元前7000年左右从小亚细亚来到克里特岛的。弥诺斯文化是爱琴海周围地区最早出现的古文化之一。它反映了公元前1500年，爱琴海第一个主要文明全盛时期的成就。弥诺斯王宫金碧辉煌，奢华舒适，显示出当时的弥诺斯人不但富有，而且相当强大。王宫没有明显的城防工事，可想而知，他们的生活平静安全。在克诺索斯挖掘出的文物中，有一幅绘画描绘着运动员骑在公牛背上翻腾跳跃的情景。除此之外，在许多石碑、青铜器和象牙制品上都发现有公牛的图案。这表现了岛上居民对公牛的图腾崇拜，这可能就是那个神话的起源。弥诺斯人建造了一系列辉煌壮丽的宫殿。每当地震毁坏了一座王宫，弥诺斯人就会在原址重建一座。弥诺斯文化影响深远，到了公元前1500年左右，其成就达至巅峰。弥诺斯在经过上百年的繁荣昌盛之后，因邻近的桑托林岛发生毁灭性的火山爆发，克诺索斯被波及而变成了一片废墟。就这样，这座繁华富丽的古城湮灭在了历史的烟云中。

现存的弥诺斯王宫坐落在克诺索斯一座叫做凯夫拉山的缓坡上，占地2万多平方米，为多层平顶式建筑。从现在的遗迹可以看出当时宫殿一定是宏大壮观，气派非凡。它被认为是弥诺斯灿烂文化的代表之作。

弥诺斯王宫是一个庞大的建筑群，分为东宫和西宫两大部分，中间是一个占地1400平方米的长方形的庭院，把东、西宫连接为一个整体。王宫共有1700余间宫室，有国王宝殿、王后寝宫，有宗教意义的双斧宫、王族屋室以及祭祀室、贮藏库等各种宫室。它们杂乱地林立着。

与古希腊人不同，弥诺斯人似乎并不讲求对称之道。各种宫室都是随意兴建的，设计上毫无对称平衡可言。各种宫室由一条条长廊、门厅、通道、阶梯、复道和一扇扇重门连接在一起。房屋和院落之间曲折多变，高低错落，迂回交替，真是千门万户，

>>> 这是弥诺斯宫殿壁画的一块残片，上面绘画着一位女祭司的形象。

>>> 迷宫一隅。

曲径通幽，让人眼花缭乱。说它是迷宫，真是恰到好处。直到今天，人们仍用"迷宫"这个词比喻错综复杂，难以找到明确方向的境地。

弥诺斯王宫有好几个入口，从宫内房间的布局看来，西宫似乎专为宗教活动而设，是宫中的行政中心和举行仪式的地方。东宫建在山坡上，俯瞰庭院，是日常起居的地方。在东侧的一端，是木匠、陶工、石匠和珠宝匠的作坊。正是这些匠人的辛勤劳作，那些王孙贵胄们才能享受到舒适奢华而精致的生活。经过大阶梯可抵另一端，即王室寝宫，这是一座结合了技巧与艺术的杰作。寝宫四面都是上粗下细的圆柱，呈红、黄两色，是王宫建筑的特有风貌，很有艺术价值。这样的设计十分科学，既照顾到夏天的通风，又确保了冬天的温暖，使得下层光线充足，通风良好，宫内仿佛享有天然空调。当热气从楼梯上升时，国王大厅的门可一开一闭以调节成清凉的气流，气流中还夹杂着芳草和柠檬的清香，从柱廊外款款送入室内，沁人心脾，心旷神怡。冬天，

>>> 当英国考古学家伊文思在1900年发掘出弥诺斯王宫时，人们便掀开了迄今为止所发现的最早的欧洲文明遗址的面纱。

关上门，室内有便携式的炉具取暖，极为温暖舒适。弥诺斯王宫多采用宽大的窗口和柱廊，还设置了许多天井来采光通风。它们宽窄不同，高矮各异，精巧地组合在一起，使王宫空间变化多样，姿态万千。

经过中央庭院，可到达西宫。其入口处有三个有围墙的坑，是举行宗教仪式用的。举行仪式时，弥诺斯人将用来祭牲的血和骨，与蜂蜜、酒、油和牛奶等祭品一起奉献给哺育众生的大地。王宫西宫最富丽堂皇的地方是觐见室，室内宽敞明亮，大约可容纳十六人同时觐见国王。室内至今仍然保存着由狮身鹰首兽像守护的高背石膏御座。在觐见室外有一个巨大的斑岩石盆，是挖掘克里特王宫的考古学家伊文思放置的——他确信从前的弥诺斯人进入位于王宫最外处的觐见室前，要先在盆中进行洗礼。

弥诺斯王宫建筑装饰姿态万千，每个房间都十分精美，从王后大厅的富丽堂皇、豪华精美就可略见一斑。在王后大厅里有冷热水交替的浴池，先进的排水系统，配有木质坐垫的抽水马桶，一应俱全的设备令人惊讶。墙上装饰着鲜艳的壁画和精美的螺旋形花纹。在别的宫室和长廊上也都装饰着瑰丽多姿、情趣盎然的壁画。内容有舞蹈欢庆、列队行进、向神献礼祈祷、奔牛比赛等

等许多活泼欢快的场面情景。还有一些绘有海豚等动物式样的图画及风景画。壁画里的青年，身穿褶叠短裙，健壮威武，正在进行拳击和跳过牛背之类的体育活动；活泼的姑娘，梳着精致的卷发，穿着镶白边的黑裙，体态婀娜，神情栩栩如生。在中央庭院南侧宫室内一幅题为《戴百合花的国王》最为著名。画面上，国王头戴饰以百合花的孔雀羽王冠，身穿短裙，腰束皮带，在百花丛中悠然自得地散步。神采栩栩如生，正是当年弥诺斯王的写照。由于这些壁画采用的是从植物和矿物中提炼出来的颜料，虽历经3000多年，在出土时仍然色泽鲜艳、丹青依旧。这种涂画技术在当时是难能可贵的。这也说明距今3000多年的弥诺斯文化已经相当发达了。

>>> 当人们在克里特岛上发掘出富丽的弥诺斯王宫时，弥诺斯王宫的曲折廊道、千门万户令人目不暇接，而大殿神坛、作坊、武器库、地窖等建筑，更是样样俱全。所以古代神话中称弥诺斯王宫为"迷宫"是不无道理的。图为弥诺斯王宫内室。

在迷宫中，还发现了2000多块泥板，上面刻着许多由线条构成的文字。在一些印章和器皿上也发现了一样的文字，后人学者称它为线形文字。一直到1953年，才有学者破译了这些线形文字的意思，原来它记载着王宫财物的账目，其中有国王向各地征收贡赋的情况，计算法是十进位。这些文字和古希腊使用的文字只有细微的不同，从中可以推算出克里特岛文化和希腊文化之间可

能有着密切的联系。弥诺斯王宫及其遗址有着不少悬而未决的谜，留待后人去探究。

品读札记

弥诺斯的王宫废墟，在建筑技术方面、装帧修饰方面及美术绘画方面都达到了一个极高的层次，充分体现了人们创造舒适生活的能力与智慧，表明了公元前15世纪爱琴海灿烂的文明和光辉的艺术成就。

KUAISUDUSHUFA

古希腊是欧洲文明的发源地。随着政治、经济的繁荣，古希腊的绘画、雕塑等都取得了辉煌的成就。古希腊是个崇拜神灵的国土，他们的神都是人化了的神。古希腊人建造了许多拜祭众神的庙宇。神庙是众神的居所，它理所当然地占据了希腊建筑的主导地位。各种各样的神庙都体现了希腊建筑简单、纯洁、和谐、端庄、典雅和理性美的特征。

雅典卫城是古希腊最为著名的建筑。

雅典卫城具有无与伦比的高贵与伟大，它是古希腊建筑鼎盛时期最杰出的建筑创作，而帕提农神庙是雅典卫城中最大的多立克式建筑，也是最具代表性的建筑。它和其他神庙一样也是一座围廊式的建筑，但是其简单的柱石和雄伟的围廊使神庙透露着端庄、典雅的美感。爱奥尼柱式和多立克柱式是古希腊的建筑的范式，一个融合了女性美，一个体现的是男性的雄健，都具有鲜活的生命力。帕提农神庙正是这种多立克建筑的代表，具有男性的雄健和阳刚之美。

古罗马建筑继承了古希腊的建筑成就，但是古罗马建筑追求的是更加宏伟壮丽的气魄与热烈喧闹的氛围。

古罗马帝国时期在各方面都取得了巨大的成就。他们追求现实的享乐，在建筑方面奴隶主贵族不再局限于古希腊时的神庙建筑。他们开拓了新的建筑艺术领域，将视线转移到建筑竞技场、豪华的别墅、公共浴场等。除了继承古希腊的柱式外，他们丰富了建筑艺术手法，产生了新的柱式和券柱式，拱券和穹顶都运用到各种建筑中。其中最著名的是古罗马角斗场和万神庙，其完整、和谐、统一的建筑空间体现了罗马人追求完美、宏伟的建筑风格，而宏伟的规模、高超的技术水平则代表了古罗马建筑的最高成就。

品读

快速读书法

古希腊古罗马建筑

◎ 第 二 章

（约公元前 800 年——公元 4 世纪）

1 古希腊建筑的巅峰
>>> 帕提农神庙

人文地图

帕提农神庙是古希腊最著名的建筑，是举世闻名的世界七大奇迹之一。它建于古希腊最繁荣的古典时期，以无与伦比的美丽和谐、典雅精致和匀称优美，表现了古希腊高度的建筑成就和艺术神韵，达到了古典艺术的巅峰，被世人公推为"不可企及的典范"。

品读要点

帕提农神庙是雅典卫城建筑群中最具代表性的建筑。卫城原意是国家统治者的驻地，是建在高处的城市，用以抵御敌人的要塞。公元前480年，卫城被波斯人焚毁。希腊人在取得对波斯的胜利后，决定重新修建被波斯人摧毁的卫城。

雅典卫城雄踞在雅典城中央的一个山冈上，布局自由，高低错落，主次分明，突出表现了希腊建筑在空间安排上的一个重要原则，即建筑的每一部分，无一是直接的裸露，均以某个角度的透视效果呈现。希腊的建筑家把一个个本身结构呈现完美对称的建筑物，依傍地势上的落差，在空间上以不对称、不规则的方式进行排列。在西方建筑史中被誉为建筑群体组合艺术中的一个极为成功的实例。

雅典卫城主要由供奉女神雅典娜的帕提农神庙、供奉海神波塞冬的厄瑞克忒翁神庙和供奉胜利女神的胜利女神庙构成。它们相互各成一定角度，创造出变化极为丰富的景观和透视效果。当人们环绕卫城前进时，可以看到不断变化的建筑景象。这其中，

>>> 古希腊帕提农神庙的建筑示意图。

小贴士　　女像柱（Caryatid）：雕刻了女性形体的造型柱。

>>>这幅18世纪的油画，描绘了矗立在山顶的帕提农神庙，其雄伟的气势与典雅的范式均堪为古希腊建筑之代表。

最著名、最有代表性的就是位于卫城最高点的帕提农神庙。"帕提农"在古希腊语中是"处女宫"的意思。因为它祀奉的雅典娜女神是处女，所以又称为"雅典娜处女庙"。雅典娜是希腊神话中的战神和智慧女神，是雅典城邦的守护者。雅典人相信是雅典娜保卫、拯救了他们的城市。

这座神庙自建成以来，历经了2000多年的沧桑变化。在公元426年，希腊城邦衰亡后，神庙被改作基督教堂。到了土耳其统治时期，它又变成了伊斯兰教的清真寺。一直到17世纪中叶，帕提农神庙还保存得相当完整，但在1687年，当土耳其和威尼斯交战时，威尼斯人的一颗炮弹打进了被土耳其人充作火药库的神庙内，把庙顶和殿墙全部炸塌了，神庙毁于一旦。而到19世纪初，英国驻君士坦丁堡的大使埃尔金竟雇用工匠，把神庙内雕刻着雅典娜功业的巨型大理石浮雕劫走。这批稀世之珍，有些在锯凿过程中破碎损毁，有些因航海遇难而沉入海底，幸存的残片现陈列在英、法等国的博物馆里。

在帕提农神庙里，原来还供奉着一尊雅典娜女神雕像。这尊雕像是由古希腊最伟大的雕刻家菲迪亚斯精心制作的艺术珍品，在公元146年被东罗马帝国的皇帝掳走，在海上失落，不知所终，现在人们只能根据古罗马时代的小型仿制品约略想象她

的英姿。

虽然帕提农神庙现在只剩下一片断壁残垣，但神庙巍然屹立的柱廊，依然鲜活地传达着高贵典雅、简约庄严的美感，仍然可以使人们深切地感受到神庙当年的风姿。

神庙建造时，雅典人正沉浸在希波战争胜利的狂欢中，国民热情空前高涨，他们怀着极大的热情，建造起这座艺术丰碑。帕提农神庙主要是希腊自由民的创造，他们规定在建筑工地上劳动的奴隶，不得超过总人数的1/4。神庙就是在这种社会文化背景下建造的。它的单纯、明朗和愉快的性格，代表了古希腊建筑的最高成就。

帕提农神庙建在一个长为96.54米，宽为30.9米的基面上，下面是三级台阶，庙宇东西长70米，南北宽31米。四面是由雄伟挺拔的多利克式列柱组成的围廊，肃穆端庄，高贵大方，有很强的纪念性。神庙正面打破了以往使用6根圆柱的惯例，用了8根石柱，以显国家的雄风。两侧各为17根列柱，每根高10.43米，柱底直径1.9米，由11块鼓形大理石垒成。柱子比例匀称，刚劲雄健，又隐含着妩媚与秀丽。雅典人以惊人的精细和敏锐对待这座神庙：柱子直径由1.9米向上递减至1.3米，中部微微鼓出，柔韧有力而绝无僵滞之感。所有列柱并不是绝对垂直，都向建筑平面中心微微倾斜，使建筑感觉更加稳定。有人做过测量，说这些柱子的向上延长线将在上空2.4公里处相交于一点。列柱的间距也不是完全一致，间距在逐渐减小，角柱稍微加粗，使因在天空背景上显得较暗因而似乎较细的角柱获得视觉上的纠正。所有水平线条如台基线、檐口线都向上微微拱起，山面凸起60毫米，长面凸起110毫米，以校正真正水平时中部反觉下坠的感觉。这样，几乎每块石头的形状都会有一些差别，正好矫正了视觉上的误差。建造者必须拥有极其认真的工作精神和高昂的创造热情，才能完成如此繁杂而精细的处理。

>>>古希腊的石雕。

神庙的檐部较薄，柱间净空较宽，柱头简洁有力，洗练明快。神庙顶部是两坡顶，顶的东西两端形成三角形的山墙，上面的连环浮雕，现存大英博物馆，表现的是雅典娜的诞生以及她与海神争夺雅典城保护神地位的竞争。环绕神殿周围的浮雕板，刻画了半人半马的肯陶洛斯人与拉庇泰人的战争。神庙的饰带浮雕，记载了每4年一度的为女神雅典娜奉献新衣的盛大的宗教庆

>>> 鸟瞰雅典。

典中的游行队伍：长长的马队疾驰向前，矫健的骏马、健美的青年都生气盎然，充满着节日的喜悦。这些浮雕精美细腻，栩栩如生，仿佛能让人感受到当年雅典卫城节日的兴奋，能聆听到游行队伍的马蹄声和喧闹声，看到众神在奥林匹斯山上俯瞰雅典，接受雅典人的感恩祭祀的情景。这些浮雕曾经涂着金、蓝和红色，铜门镀金，瓦当、柱头和整个檐部也都曾有过浓重的颜色，在灿烂阳光照耀着的白色大理石衬托下，鲜丽明快。

神殿的内部分成正厅和附殿。正厅又叫东厅，厅内原本供奉着著名雕刻大师菲迪亚斯雕刻的雅典娜神像。据载，雅典娜女神身穿战服，高达12米，象牙雕刻的脸孔柔和细致，手脚、臂膀细腻逼真，宝石镶嵌的眼睛炯炯发亮。她戴着黄金制造的头盔，盔上正中央是狮身人面的司芬克斯，两边是狮身鹫嘴有翅的格里芬。胸前的护心镜上装饰着蛇发女妖美杜莎的头。长矛倚在肩上，刻着希腊人与亚马孙人之战的盾牌放在一边，右手托着一个黄金和象牙雕制的胜利女神像，英姿飒爽，威风凛凛。西门内是附殿，贮存财宝和档案。

整个庙宇最突出的是它整体上的和谐统一和细节上的完美精致。神庙的建筑建立在严格的比例关系上，反复运用毕达哥拉斯定理，尺度合宜，比例匀称，反映了古希腊文化中数学和理性的审美观，以及对和谐的形式美的崇尚。整个结构中，几乎没有一根直线，每个布局表面都是弯曲、锥形的，或隆起的，这使人们

在观察它的外形时，不会因直线产生错觉而影响对和谐与完美的感受。

在帕提农神庙里，有一些极为伟大的雕塑品，装点在不同的位置，共同构成美妙无比的景观。原来位于东山墙的《三女神》，就是一件不朽之作。据说雕像的设计者是雅典最著名的雕塑家菲迪亚斯，他是伯里克利的密友，协助他兴建了许多工程，帕提农神庙就是他担任总监。"三女神"在古代希腊的神话中，极富神秘色彩。她们是宙斯和夜神所生的女儿，一个专职纺织命运之线，一个分配命运线的短长，第三个负责切断人的命运之线。现存的遗迹已经毁坏得很严重，头部和上肢都不见了，其他部位，包括衣纹也有不同程度的损伤，但留下来的身躯，却依然显示出惊人的美。雕刻家菲迪亚斯为了能充分利用山墙的空间，巧妙地安排了三人的姿势，一个高高端坐，一个蜷腿席地而坐，另一个斜倚在同伴身上，显得生动和谐，虽精心设计却不显有意雕琢的做作，轻松自如，令人赏心悦目。菲迪亚斯认为"神人同形同性"，因此，他把命运三女神刻画为三个丰满动人的年轻女性。他以高超的技艺为我们塑造出一幅不朽的形象。三个依偎的女神身上柔软地裹着希腊式的宽大纱衣，纱衣是那样的轻柔薄细，像被海水打湿了一样紧贴在身上，隐隐透出女神各自不同的体态，或起或伏，或皱或舒，或叠或平，若隐若现，朦朦胧胧，构成一种极富魅力的绝妙线条，栩栩如生、淋漓尽致地呈现出女神们玲珑迷人的身躯，给人带来无限遐想和美妙的享受。这些石头仿佛已被赋予了生命，在细密的衣褶下，似乎还能感到她们呼吸的起伏、肉体的温暖，我们不能不为菲迪亚斯的鬼斧神工而惊叹。难怪古代罗马人曾说没见过菲迪亚斯的神像可谓枉活一生。

20世纪著名的建筑大师柯布西耶在游历过帕提农神庙后，也叹为观止。他是这样描述的：它有可怕的超自然力量，使得方圆数里范围内的一切，均为之碎裂。

品读札记

古希腊是西欧文明的发源地。在种种得天独厚的条件之下，最完美无瑕的建筑形式诞生了，它的影响波及世界，是随后各地出现的许多建筑风格的基础。帕提农神庙反映出希腊空前高涨的民族凝聚力，贯穿着崇高庄严的美和英雄主义的勃发的激情，经过悠久的岁月，至今依然光彩夺目。它是世界建筑史上的不朽之作，也是世界艺术宝库中的瑰丽珍品。

小贴士

三角楣饰（Pedimenet）：最初，是古希腊神庙斜屋顶的三角形山墙的部分，后来被当做纪念性的特征，独立于背后的建筑物。

2 当之无愧的永恒
>>> 古罗马角斗场

人文地图

　　罗马角斗场是古罗马建筑工程中最卓越的代表，是古罗马帝国的象征，也是世界上最著名的建筑物之一。虽然到现在它只剩下断垣残壁，但仍深刻地烙印着古罗马帝国昔日的辉煌。其壮观雄姿依然具有着追魂夺魄的力量，吸引着川流不息的游客。

品读要点

　　古罗马角斗场建于古罗马的佛拉维奥皇朝时代，在公元72年，由维斯巴西安皇帝开始修建，8年后，由他的儿子接续完成。据说，它是罗马帝国在征服耶路撒冷之后，为了庆祝胜利和显示罗马帝国强大的威力，强迫8万名犹太人俘虏修建而成的。此后，在公元3世纪和5世纪又进行了重新的修葺。

　　奴隶主贵族和自由民常常到角斗场来观看奴隶与野兽的搏斗或奴隶与奴隶之间的厮杀，场面越凶残、暴戾、血腥，就越会刺激和挑动他们的情绪。古罗马的角斗游戏，初始只不过是一种宗教纪念性质的仪式，但在后来竟逐渐演变为一种极端残忍的娱乐活动。被迫参加角斗的大多为奴隶和战俘，也有囚犯、遭受迫害的基督徒以及破产的自由民。他们平时接受严格的角斗训练，一经上场就要在全场几万名观众疯狂的呐喊和鼓动下，用刀、剑或匕首与对手展开殊死的拼杀，直到将对方置于死地，或重伤得无法再战。这时，台上观众会伸出大拇指，或上或下来决定获得胜利的角斗士的生死。许多角斗士会被野兽咬伤、撕裂，甚至咬死，角斗士之间你死我活的厮杀，更是令人不寒

而栗。角斗场上凄惨的叫声惊天动地，血淋淋的场面此起彼伏，而观众对此情景却是着魔般地狂呼、呐喊，他们践踏着角斗场上的血肉生命而获得巨大的"享受"与"满足"。这是一种极端野蛮和疯狂的娱乐。罗马帝国统治者通过制造这种残酷的场面来刺激和笼络奴隶主贵族，以宣扬和显示古罗马强大的政治军事力量。角斗场里在同一时间里可以容纳3 000对角斗士同时上场，丧命于此的奴隶角斗士不计其数，杀戮的动物数量也是数目惊人。据说，在角斗场建成后的100天内，就有3.9万头牲畜被活活杀死。这种野蛮的行径在当时就遭到正直人士的反对，有两名智者和一名基督教徒曾极力阻拦，并不惜自己的生命，到角斗场上自杀，以示抗议。

但角斗已经慢慢演变为罗马人生活的重要娱乐活动和罗马城的象征。公元8世纪时，有一位贝达神甫曾预言："几时有斗兽场，几时便有罗马；斗兽场倒塌之日，便是罗马灭亡之时；罗马灭亡了，世界也要灭亡。"他的话有一半被命中了。

在公元5世纪，罗马的角斗游戏终于被取缔，这个圆形露天角斗场也被废弃了。以后的数个世纪，角斗场成了罗马人的"采石场"。他们常常搬走这里的雕像和巨石，用来建造房屋和宫殿。

到了公元18世纪，基督教教皇本笃十四世为了保存角斗场残留的遗迹，下令禁止开采，并在角斗场中央竖立了一尊十字架，来纪念耶稣的受难。因为在这块土地上曾有数以千计的基督信徒，在观众疯狂的叫喊声中为自己的信仰流血、牺牲。

随着岁月流逝，世界历史已经翻开新的篇章，昔日充满血腥的角斗场已经变成罗马的重要标志，成为各国游客到罗马后的必游之地。

古罗马角斗场也称科洛西姆斗兽场，因建于弗拉维尤斯掌政时期，故又称"弗拉维尤斯圆剧场"，是古罗马建筑中，在新观念、新材料、新技术的运用上具有代表意义的建筑艺术典范。它坐落在当时罗马城的正中心。这个时期的建筑，不像希腊时期贯穿着对宗教、对生灵较为纯粹的理想主义追求。他们更重视日常生活的居住和具体的享乐，更为实际，比较注重新技术成果在建筑中的推广和应用，以可以立即使用为目的。角斗场是不折不扣的罗马式建筑，罗马帝国的雄壮英伟的威力和气势在其中得到了

>>> 在竞技场内，古罗马人不仅喜欢观看人与人之间的角斗，也颇为钟情人与兽之间的搏斗表演，尽管这些搏斗通常都会以死人为代价。这幅石雕表现的就是人们在观看人兽相搏斗时的血腥场景。

>>> 古罗马角斗场见证了古罗马帝国曾经的辉煌与强盛。

淋漓尽致的表现。

角斗场呈椭圆形，长轴为188米，短轴为156米，高达57米，外墙周长有520余米，整个角斗场占地约为2万平方米，可容纳5万至8万名观众。

角斗场中央是用于角斗的区域，长轴86米，短轴54米，周围有一道高墙与观众席隔开，以保护观众的安全。在角斗区四周是观众席，是逐级升高的台阶，共有60排座位，按等级地位的差别分为几个区。距离角斗区最近的下面一区是皇帝、元老、主教等罗马贵族和官吏的特别座席，这样的贵宾座是用整块大理石雕琢而成的；第二、三区是骑士和罗马公民的座位；第四区以上则是普通自由民（包括被解放了的奴隶）的座位。每隔一定的间距有一条纵向的过道，这些过道呈放射状分布在观众席的斜面上。这个结构的设计经过精密的计算，构思巧妙，方便观众快速就座和离场。这样，即使发生火灾或其他混乱的情形，观众都可以轻易而迅速地离场。

在观众席后，是拱形回廊，它环绕着角斗场四周。回廊立面总高度为48.5米，由上至下分为四层，下面三层每层由80个拱券组成，每两券之间立有壁柱。壁柱的柱式第一层是多立克式，健美粗犷，犹如孔武有力的男性；第二层是爱奥尼式，轻盈柔美，宛若沉静俊秀的少女；第三层则是科林斯式，它结合

前两者的特点，更为华丽细腻。这三层柱式结构既符合建筑力学的要求，又带给人极大的美学享受。第四层则是由有长方形窗户的外墙和长方形半露的方柱构成，并建有梁托，露出墙外，外加偏倚的半柱式围墙作为装饰。在这一层的墙垣上，布置着一些坚固的杆子，是为扯帆布遮盖巨大的看台用的。四层拱形回廊的连续拱券变化和谐有序，富于节奏感；它使整个建筑显得宏伟而又精巧、凝重而又空灵。角斗场的特点从任何一个角度都能充分地显示出来，为建筑结构的处理提供了出色的典范。

角斗场通常是露天的，但若是在雨天或在艳阳高照下，则用巨大帆布遮盖场顶，工程由两组海军来操作。他们也常常参加角斗场举行的海战表演。

罗马角斗场用大理石以及几种岩石建成，墙用砖块、混凝土、金属构架固定。部位不同，用料也不同，柱子墙身全部采用大理石垒砌，十分坚固。在历经2000年的风霜后，现在人们所见到的角斗场尽管破败不堪，但残留建筑的宏伟壮观，仍让人们为往日的辉煌成就啧啧称奇。

>>>这是克劳狄皇帝妻子的雕像，去角斗场观看角斗的多是这些贵妇人。

品读札记

罗马角斗场规模宏大，设计精巧，具有极强的实用性。其建筑水平更是令人惊叹，可以说在当时达到了登峰造极的地步。欧洲的许多其他地区，直到千年以后，才出现了同等程度的建筑。尤其是它的立柱与拱券的成功运用。它用砖石材料，利用力学原理建成的跨空承重结构，不仅减轻了整个建筑的重量，而且让建筑物具有一种动感和向外延伸的感觉。这种建筑形式对后世的影响极大，直到今天，建筑学界仍然在广为借鉴。而古罗马角斗场的建筑结构、功能和形式，更成为了露天建筑的典范，在体育建筑中一直沿用。可以说现代体育场的设计思想就是源于古罗马的角斗场。古罗马人曾经用大角斗场来象征永恒，它是当之无愧的。

3 天使设计的罗马珍品
>>> 万神庙

人文地图

罗马万神庙是目前保存最完好的古罗马建筑，以其宽广阔大的容积、技巧高超的巨大圆拱而闻名于世。文艺复兴时期的著名文艺大师米开朗基罗曾经赞叹它是"天使的设计"。万神庙宏伟壮丽的风姿、雄伟端立的气势与和谐优美的古典气质，都堪称世界建筑的珍品，是西方建筑史上和谐与完美的典范之作。

品读要点

万神庙，又称潘提翁神殿，是古罗马的建筑杰作之一，现为意大利国家圣地。万神，在希腊文中表示"所有的神"。它始建于公元前27年，是当时的罗马执政官阿格里巴为庆祝亚克兴战役获胜，向其岳父奥古斯都大帝表示敬意之作，后毁于公元80年发生的火灾。到了公元2世纪初，阿德里亚诺皇帝在原址上进行了重建。而以后的哈德良皇帝又进行了进一步的整修。他命人在柱顶过梁上刻写上铜质的刻文，记述了万神庙建在有三层台阶的高台基上。早期的万神庙也是前柱廊式的，焚毁后重建时，采用了穹顶覆盖的集中式形制。万神庙前本来有狭长的广场，现在已彻底改建。神庙左右两侧原来还紧贴有其他的建筑物，也已毁除。现存的神庙外部只有柱廊，可能是从阿格里巴督造的旧万神庙拆移过来的。穹顶和柱廊原来覆盖的镀金铜瓦，663年被拜占庭皇帝掠去，735年改以铅瓦覆盖。

整个建筑由一个矩形的门廊和神殿两大部分组成。门廊宽33.5

米，深18米，排列着16根由大理石和花岗石制成的科林斯式柱子。柱子高12.5米，底部直径约为1.43米，柱头上部是藤蔓似的涡卷，下面是复杂细致的莨苕花的茎叶图案，挺拔优美，庄严高贵，它们支撑着一个希腊式的半三角形檐墙。从前墙上有一幅铜刻浮雕做装饰，描述的是巨人们与神作战的情景。

万神庙入口处是两扇青铜大门，为遗存的原物。它高7米，又宽又厚，是当时世界上最大的青铜门。靠门的两个壁龛内，昔日放置着奥古斯都和阿格里巴的雕像。进入堂内，是一个圆厅，墙壁上布满了长方形和半圆形的壁龛，内有罗马时代为遇刺的恺撒大帝复仇者的塑像，还有恺撒本人的雕像、战神雕像等其他的英雄神像。壁龛旁伴以彩色大理石柱。墙壁上方和地板，亦铺以彩色大理石，予人视觉上极深刻的印象。在左侧第一间小堂内埋葬着画家佩林·德瓦卡的骨灰，他是拉斐尔的得意助手。隔壁是大画家与建筑师巴尔达萨莱·佩鲁吉的坟墓。

>>> 古罗马万神庙的想象复原图。

万神庙神殿由8根巨大的拱壁支柱承荷。四周墙壁厚达6.2米，上面没有一个窗子。外面砌以巨砖，内壁沿圆周有8个大壁龛，用以减轻墙体重量和装饰墙面。这种极其富有创造性的建筑结构，对中世纪，乃至文艺复兴时期欧洲各国的宗教建筑都有着不可估量的影响。神殿上部的圆顶是一个完美浑圆的半球体，这是整个建筑物最精彩绝妙的部分。这个古代世界最大的穹顶直径达43.3米，垂直的顶高也为43.3米，与直径相等，穹顶顶部厚为1.5米。穹顶由以火山灰为原料的混凝土制成，上面是凿成中空的有层层花纹的凹格，一共有5排，每排28个。每个凹格中心原来可能有镀金的铜质玫瑰花，现在已经磨蚀掉了。凹格的重量越接近穹顶顶端越轻，穹顶上部混凝土的比重只有底部的2/3，最高部分是极轻的浮石。穹顶顶端是敞开的天窗，这极大地减轻了穹顶的重量。天窗直径为8.9米，阳光由此进入，就如同太阳一样普照大殿。穹顶象征着浩瀚的天宇，天窗则象征着人与上天的联系。神明可由此降入庙内，而穹顶下教徒们虔诚的祈祷也能从这里自由地直升上天庭。当天光倾泻而下，照亮神殿四壁，并柔和地贴着大理石游弋，仿佛传递着来自天国的福音，万神庙内的神灵以及圣人亡灵都在这天堂之光的庇佑下

巨柱式 (Giant order)：方形或半圆形壁柱。用来表现建筑物正立面，并且延伸至二楼或更高的楼层。

>>> 古罗马万神庙内景。

得到安息。这个封闭而连续包围的内壁使得任何声音都可以互相撞回，增大了空间的共鸣性，使信奉者感受到一种庄严肃穆、神秘超然的宗教力量。建筑史家说"它是把古希腊的回廊移进了室内的结果"，体现着罗马神庙建筑中典型的帝国风格。

万神庙每一处的尺寸都计算得毫厘不差。它那宏伟的高空间圆顶，一直影响到欧洲的巴洛克风格，甚至一直到近代的宫殿建筑都有它的影子。这个大圆顶，过去一直被认为是用砖和混凝土砌成，并且是建在第二层上面的。通常来说，这样规模宏大的穹顶必须有一些支撑物。但在20世纪30年代的修复工作中发现，实际上，这个大圆顶里并无砖砌的骨架，圆顶也不是建在第二层上，

>>>古罗马万神庙。

而是建在第三层上，就像是一顶浅而扁的无檐帽，挺立在凹格的支撑上。因为穹顶外表装修的极为细致，二、三层之间的构架十分严密，所以才给人以整个连在一起的错觉。如此大胆的空间处理，在西方古代建筑中可以说是绝无仅有。古罗马人凭借高超的拱形技术，建造出一个独一无二的圆顶。圆拱形的内壁虽无窗户，却有彩色大理石以及镶铜等装饰，华丽炫目，富丽堂皇。万神庙的内墙全部用赭红色大理石贴面，地面铺设着灰白色的大理石。地面和穹顶呼应，也用格子图案，统一而和谐。

罗马人在结构工程的发明上可谓登峰造极，文艺复兴时期的建筑师如果不是仔细研究建筑手册或直接采用古典的建筑模式，根本就无法成功仿效罗马人达到的建筑水准。万神庙以巨大的体量和完美的形式创造了一个极为完整、统一、和谐的建筑空间，体现了罗马人崇高、宏伟的审美观念，对后世产生了极大的影响。文艺复兴时代设计的世界上最大的天主教堂——圣彼得教堂就是以它为楷模的。

历史孕育了真理；它能和时间抗衡，把遗闻旧事保存下来；它是往古的迹象，当代的鉴戒，后世的教训。　　　　[西]　塞万提斯

品读札记

　　万神庙是古罗马建筑中保存最为完好的建筑物，是继希腊神庙艺术之后的又一发展高峰。它充分发挥了高超发达的拱券技术，加大了神庙的内部空间，营造出壮阔宏大的风格，显示了古罗马人卓越的建筑工程技术，体现了古典建筑和谐、稳定和庄严高贵的特色。万神庙实现了以一岩当天盖的大胆假设，在现代结构出现以前，它一直是世界上跨度最大的空间建筑，其高妙的技术令人惊叹！它简洁洗练、和谐大方、恢宏浩大的建筑样式，错落有致、和谐美观、别具韵意的建材排列，使万神庙产生一种崇高的美感。

>>> 古罗马万神庙的内景。

KUAISUDUSHUFA

中世纪的西欧进入了封建社会，但是古罗马时代血雨腥风的战争仍然如梦魇般影响着人们，渴望天国光辉的人们开始宣扬禁欲主义，信仰基督教。因此教堂建筑占据了此时建筑的主导地位，其他的建筑所占比例很小。

中世纪处于基督教神学统治下的欧洲，远离了古希腊、古罗马的传统艺术风格，追求天国的幻影和神性。此时的建筑风格主要体现在拜占庭建筑、罗马风建筑、哥特式建筑中，其中的哥特式建筑代表了中世纪建筑的最高艺术成就。

拜占庭建筑追求高贵、豪华，强调神性。特别是它源于古罗马的穹隆象征着天，象征着神的光辉。其中圣索菲亚大教堂是拜占庭艺术的杰作，是拜占庭文化的象征。此外意大利的圣马可教堂也是拜占庭建筑的代表，被称为"欧洲最美丽的教堂"。

罗马风建筑并不是古罗马建筑的再现，它主要是使用了古罗马建筑的拱顶，追求的是雄伟高大、朴素拘谨的风格。造型精致的比萨大教堂是意大利罗马风建筑的代表，其钟楼比萨斜塔创造了建筑史上的奇迹。英国的达拉莫教堂、法国的古莱昂姆教堂、德国的沃尔姆斯教堂都是罗马风建筑的著名代表。罗马风建筑对后世建筑特别是哥特式建筑有很大影响。

哥特式建筑是起源于法国、流行于欧洲各国的一种建筑风格。它追求的是一种轻盈、飞升、向上的强烈动感，多用于教堂建筑。欧洲各国都高耸着哥特式教堂的尖顶，置身其中能使人感受到天国的光辉。如英国的威斯敏斯特教堂，意大利的米兰大教堂，德国的科隆大教堂、乌尔姆主教堂都装饰得富丽堂皇，具有强烈的动感，是哥特式建筑的典型代表。

品读

快速读书法

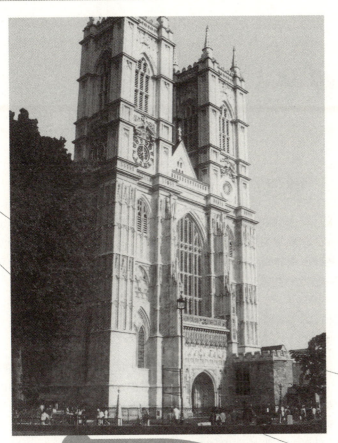

◎ 第 三 章

中世纪建筑

（公元前 4 ——13 世纪）

1 拜占庭艺术的杰作
>>> 圣索菲亚大教堂

人文地图

圣索菲亚大教堂是历史长河中遗留下来的最精美的建筑物之一。它外观宏伟壮丽，内部装饰华丽，融合了东西方两种文化，是拜占庭建筑最完美的代表和拜占庭文化的象征，堪称世界上独一无二的艺术珍品。

品读要点

圣索菲亚大教堂是著名的查士丁尼一世在拜占庭修建的，拜占庭也就是今天土耳其的伊斯坦布尔。拜占庭这个名字的由来，传说是一位希腊人要寻找世界上最理想的土地，他虔诚地祈求神灵的帮助，在神的指引下，他终于找到了心中的乐土。这就是位于欧洲与亚洲的交界地、陆地与海洋的交接处的一块土地，这个人以自己的名字——拜占庭，为这块土地命名。

拜占庭具有得天独厚的地理位置。它位居要津，把守着博斯普鲁斯海峡，是黑海与地中海海陆交通的枢纽。罗马帝国的君士坦丁大帝为了向东拓展罗马帝国的影响力，就选定拜占庭作为罗马帝国的中心城市。他于公元330年5月11日正式迁都拜占庭，并改名为君士坦丁堡。为了壮大罗马帝国的声势，吸引各国归属，君士坦丁极尽能事来装点美化君士坦丁堡，从世界各地征讨、收集各种各样的奇珍异宝，如来自丝路的丝绸、瓷器，非洲的珠宝，欧洲的雕刻与工艺用品，埃及法老王的方尖碑，等等。在君士坦丁堡的街道上到处是喷泉和廊柱，美不胜收。

>>> 公元324年，君士坦丁大帝在拜占庭建立了拜占庭帝国，并支持基督教，这也使他的名字永远地铭刻在了历史中。这尊宽近两米的君士坦丁头像被装点在了基督教堂内。

公元4世纪末，罗马帝国一分为二，分为东罗马帝国和西罗马帝国。东罗马帝国也叫拜占庭帝国，它以君士坦丁堡为中心，占据了原罗马帝国东半部领土，继承了古罗马丰富的文化遗产，并吸取东方文化，形成了自己独特的体系。历代君主决心把这座城市建成世界的宗教、艺术和商业中心。到了查士丁尼一世时代，拜占庭帝国在艺术成就与军事扩张两方面都达到巅峰。为了标榜自己的文治武功，查士丁尼一世在公元532年，下令修建圣索菲亚大教堂。

查士丁尼一世没有像通常那样，把设计教堂的工作交给建筑师，而是专门请来两位来自希腊的数学家来当设计师。他坚信只有精通数学的人，才有能力精确地计算出教堂圆顶的曲率与角度，才能更精确地安排建筑的结构。查士丁尼一世组建起一支由雕刻家、石匠、马赛克工匠和木匠组成的一万人的建筑大军，并不惜重金从帝国各地包括希腊、罗马、土耳其和北非等运来金、银、斑岩、大理石等最优质的材料，花了5年时间，建成了当时世界上堪称最金碧辉煌的基督大教堂。一位历史学家在参观大教堂之后，不禁发出这样的感叹："教堂的穹顶看起来好像没有基座，仿佛是靠一条金链悬挂在天堂上。"

>>> 圣索菲亚大教堂是拜占庭建筑最著名的典型。它坐落在土耳其首都伊斯坦布尔，代表着拜占庭建筑艺术的高峰。大教堂球形穹顶宛如镶嵌在海滨的珍珠，宏伟、壮观。其外部装饰粗犷，内部却非常细致奢华。

圣索菲亚大教堂曾是东方基督教世界的中心,自建成后可以说是历尽沧桑。竣工后仅21年,就遭到地震破坏,不得不局部重建。1204年,第四次东征的十字军将圣索菲亚教堂洗劫一空。1453年,奥斯曼苏丹穆罕默德二世以新锐之势,率大军20万来攻,血战53天,攻下君士坦丁堡。同年5月28日,这座大教堂举行了最后一次基督礼拜,君士坦丁十一世含泪领取了圣餐。几小时后,奥斯曼土耳其人就攻破了这座城池,占领了圣索菲亚教堂这个基督教最重要的据点,东罗马帝国覆灭,从此,君士坦丁堡成为奥斯曼帝国的首都,也是伊斯兰世界的中心,并被改称为伊斯坦布尔,它在希腊语中是"城中"的意思。在奥斯曼时期,伊斯坦布尔继续繁荣,不断发展,人口高达277万,是全国最大的城市。积1600年之久,伊斯坦布尔始终是一个强大帝国的名都,这在全世界是罕见的。

奥斯曼土耳其的君主将圣索菲亚大教堂改为清真寺,改名为阿亚索菲亚,意为"神圣的智慧"。他派人移走了教堂原来基督教的祭坛、圣像,用灰浆遮涂掉马赛克镶嵌的宗教画,代之以星月图案、古兰经读经台、麦加朝拜的朝拜龛等回教圣物,并在周围修建了4个高大的回教尖塔,把原来东正教的教堂彻底改造成伊斯兰教的清真寺,形成了我们所看到的圣索菲亚大教堂的样貌。

1935年圣索菲亚大教堂改为博物馆,名称又改回"圣索菲亚"。历经了悠悠岁月的政权更迭、宗教争斗与历史的沧桑变化,它的美丽庄严,依然撼动着每一个参观者的心。

教堂前部是一个华丽的庭院,周围有杆廊环绕,中央是水池,经过三重门便进到了教堂的外前廊,其后是宏伟的大前廊。大前廊长61米,宽9.1米,分为两层,下层为教徒祈祷和忏悔的地方,上层为教堂游廊的一部分。

>>> 圣索菲亚大教堂的结构示意图。

圣索菲亚大教堂融合了罗马式长方形教堂与中心式正方形教堂的特点。建筑平面呈长方形,采用了希腊式十字架的造型,东西长77米,南北长71米。布局属于穹隆覆盖的巴西利卡式,中心为一直径32.6米的圆形穹隆,据说在黑海上都可以看到。穹隆由4根高为24.3米的巨大塔形方柱之间的拱顶连接支撑。为了解决在方形底基上安放圆顶的难题,并分散支撑圆顶承受的负荷,建筑师在圆顶四周设计了小半圆顶,之下又建了许多更小的半圆

顶。最初因施工匆忙，穹顶曾一度倒塌，为此，修复时增加了扶壁。这种建筑技术从外观和内部都给人与方圆契合自然和谐的美感，圆顶与方形墙体的连接强度在当时建筑史上也是少有的。它的结构成就和匠师对结构受力的分析能力都已达到相当高的水平。

教堂内部空间曲折多变，由圆柱和柱廊将教堂分隔成3条侧廊，柱廊的幕墙上穿插排列着大小不等的窗户，中部是东西走向、纵深展开的大厅，高大而宽阔，适宜于举行隆重豪华的宗教仪式和宫廷庆典活动。穹顶之下，40条拱肋由圆顶中央一直伸展到底基，柱廊和拱券重重排列，室内空间相互渗透，统一而又多变。拱脚底部的每两肋之间开设了40个窗洞。光线从此中穿入教堂。当人们置身那幽暗的大殿中，斜射的阳光穿过窗户照射进来，光影交错，宛如飘浮在空中。

圣索菲亚大教堂外部为暗红色，十分朴实，但其内部却是艳丽多姿、富丽堂皇。教堂的穹顶和地面都镶嵌着五色缤纷的玻璃装饰。墩子和墙面则用彩色大理石和色彩斑斓的马赛克嵌画装点铺砌。这些装饰多为白、黑、绿、红等颜色，同时衬以金色。承重的大理石圆柱多是深绿色。柱头一律用白色云石镶着金箔。一些部位的构件还被包上金色的铜箍，色彩十分艳丽。地面用彩色碎石铺成各种图案，拱顶与圆顶则为玻璃绵石，并用金子镶嵌了天使及圣徒像。整个大厅璀璨夺目，神奇非凡，当时一位史学家曾把它比作鲜花盛开的草原。据称，查士丁尼一世在踏入圣索菲亚大教堂的一刹那，惊喜若狂，不禁喊道："噢！所罗门，我超越你了！"

但在公元8—9世纪的圣像破坏运动和13世纪初的第四次十字军东征中，圣索菲亚大教堂遭受到严重的破坏，原有的镶嵌画及其他艺术珍品大多被毁。此后虽经多次修复，终未能恢复旧观。

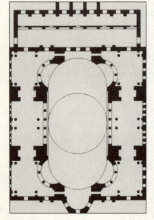

>>> 圣索菲亚大教堂平面图。

圣索菲亚大教堂装饰得精美华丽，但在教堂里却很少见天主教堂里常见的雕刻品。这和索菲亚大教堂所归属的东正教有关。从公元4世纪开始，基督教会渐渐受到希腊罗马文明重视肖像与肉体美的文化影响，信徒们除了通过传统的寓言故事与象征手法来理解教义外，也逐渐产生了将圣母、圣子和圣徒等人物通过画像具体化的需求。教会中也分裂为两派。一派认为对圣经人物画像就相当于触犯了圣经中不得膜拜偶像的规定，另一派则认为

>>> 拜占庭帝国在战争中消失在了历史的尽头。但是，拜占庭的文明却在圣索菲亚大教堂中得到了永恒。这座金碧辉煌的大教堂的建成，标志着古罗马灭亡后，基督教文明的首次振兴。

人物画像可以让信徒更加亲近地理解神的精神。两派间的分歧日渐加深。公元692年教会同意基督人像化的合法性，但公元730年罗马皇帝里奥三世却颁布禁令，禁止圣母、圣子、圣徒、天使以人物形象出现，自此揭开了两派人马长达200年之久的血腥斗争。教堂里的画作常遭破坏，画像的持有者和做画的工匠们也都遭到各种形式的迫害，社会动荡不安。一直到公元9世纪中叶，教会才达成共识，同意对圣经的画像给予敬意、信仰和崇拜，这才平息了两派间的纷争，这一结果被称为"正统的胜利"，每年在信仰东正教的国家里都会举行盛大的庆祝。然而雕刻艺术从来不曾得到教会的认可，因此可以说拜占庭艺术里，雕刻艺术并不存在。

索菲亚大教堂既有罗马建筑的特色，又有东方艺术的韵味，是拜占庭建筑艺术形式的最杰出代表。作为君士坦丁堡的主教堂，圣索菲亚大教堂在拜占庭帝国中起着重要的作用，所有的帝王都在那里加冕。

圣索菲亚大教堂现在被称为圣索菲亚博物馆，是伊斯坦布尔最有名，也是最有代表性的历史建筑。它气势庄严而亲切，在不

同角度观赏会呈现出多变的美感，令人目不暇接。身在其中，心灵也会变得静谧祥和。

品读札记

圣索菲亚大教堂既保留了原来拜占庭式的广场布局和圆顶十字架结构，又留存着奥斯曼帝国的伊斯兰教的尖塔和朝拜堂，体现了基督教与回教两大宗教的特点和文化融合，对基督教和回教的建筑风格影响深远。它代表着东罗马帝国建筑艺术的顶峰，是建筑史上光耀千古的杰作。

2 英国王室的石头史书 >>> 威斯敏斯特教堂

>>> 亨利七世的塑像。威斯敏斯特教堂内的亨利七世礼拜堂是他下令修建的。

人文地图

威斯敏斯特教堂是英国皇家教堂，以其辉煌壮丽的宏伟气派被誉为是欧洲最美丽的教堂之一。自建成后威斯敏斯特教堂一直是英国国王举行加冕典礼的场所。无论在世界建筑史，还是在英国悠长的历史上，它都占据着举足轻重的位置。许多英国王室成员、政治家、宗教界名人以及著名诗人都葬在此处，给它增添了一份肃穆的气质。1987年，联合国教科文组织将其作为文化遗产，列入《世界遗产名录》。

品读要点

威斯敏斯特大教堂亦称西敏寺，正式名称为"圣彼得联合教

堂"，是一座壮丽的哥特式教堂。它的前身是7世纪时建在泰晤士河一个小岛上的祭祀圣彼得的小教堂。从创建时起，因为它位于城区以西，寺院就称作威斯敏斯特寺，意为"西寺"，表示是西边的大寺院，以便和位于城东伦敦塔外的一个都会寺院——"东寺"相区别。1050年，英格兰国王爱德华下令对其进行扩建，以作为自己的墓地。1065年竣工并正式启用。但就在西敏寺完工没几天，爱德华即撒手人寰，而且没有留下任何子嗣，使得觊觎王位的亲王、贵族纷争不息。最后来自法国的日耳曼贵族威廉，战胜了其他的对手，以征服者的姿态坐上了英格兰的王位。1066年，他在威斯敏斯特大教堂举行了一场盛大的加冕典礼。此后，英国皇室的历代帝王多是在此加冕成为统治者，从威廉一世开始，除了13岁即被叔父谋杀于伦敦塔中的爱德华五世和那位不爱江山爱美人、自动放弃王位的爱德华八世之外，所有英王都在此加冕登基，包括当今的伊丽莎白二世女王。可以说，西敏寺是一部英国王室的石头史书。据统计约有40位王储在此登基。威斯敏斯特大教堂还是英国君主的陵墓所在，他们死后都长眠于此。王室成员的婚礼以及其他历史性的庆典，也多在这里举行。威斯敏斯特大教堂实际上成为了英国皇室的御用教堂。人世间的尊荣繁华，从这里获得，也从这里消逝。威斯敏斯特大教堂见证了英

伦王朝的风雨沧桑。1997年8月31日，年仅36岁的英国王妃黛安娜在巴黎遇车祸身亡，其灵柩就放在这里供人瞻仰、凭吊。

宏伟壮观的威斯敏斯特教堂是英国的圣地，在英国众多的教堂中地位显赫，可以说是英国地位最高的教堂。除了王室成员，英国许多领域的伟大人物也埋葬在此。英国人因此把威斯敏斯特教堂称为"荣誉的宝塔尖"，认为死后能在这里占据一席之地，是至高无上的光荣。其中著名的"诗人角"就位于教堂中央往南的甬道上。在这儿长眠着许多著名的诗人和小说家。如英国14世纪的"诗圣"乔叟，就安葬于此。陵墓周围还有一扇专门的"纪念窗"，上面描绘着他的名作《坎特伯雷故事集》里的情景。伴他长眠的有丁尼生和布朗宁，他俩都是名噪一时的大诗人。著名的小说家哈代和1907年诺贝尔文学奖奖金获得者吉卜林也葬在这里。"诗人角"中央，并排埋葬着德国著名的作曲家亨德尔和19世纪最杰出的现实主义作家狄更斯。还有些文学家死后虽葬身别处，但在这里仍为他们树碑立传，如著名的《失乐园》的作者弥尔顿和苏格兰诗人朋斯，就享受着这种荣耀。

在教堂的北廊里，还伫立着许多音乐家和科学家的纪念碑。其中最著名的是牛顿，他是人类历史上第一个获得国葬的自然科学家。他的墓地位于威斯敏斯特教堂正面大厅的中央，墓地上方耸立着一尊牛顿的雕像，旁边还有一个巨大的地球造型以纪念他在科学上的功绩。此外，进化论的奠基人、生物学家达尔文，天王星的发现者、天文学家赫谢尔等许多科学家都葬于此地。在物理与化学领域均做出杰出贡献的法拉第在去世后本来也有机会在威斯敏斯特教堂下葬，但因他信仰的教派不属当时统领英格兰的国教圣公会，威斯敏斯特教堂正是圣公会的御用教堂，因此拒不接受他在教堂内受殓。雪莱和拜伦这两位举世闻名的大诗人也因为惊世骇俗的言行被教堂拒之门外。在威斯敏斯特教堂内还安置着英国著名的政治家丘吉尔、张伯伦等许多知名人士的遗骸。后来因场地有限，部分伟人的坟墓被迁移至圣保罗大教堂。此外，两次世界大战中阵亡的英国官兵的花名册也保存在教堂内。在教堂大院正中还设有无名英雄墓，供人们在此地驻足停留、凭吊缅怀。

这座古老的教堂结构宏伟，装饰辉煌，外观是依拉丁风格建造的十字形。教堂正门向西，由两座全石结构的方形塔楼组成，

>>> 伊丽莎白一世，1533年出生于伦敦，1558—1603年在位，是英格兰治国有方、备受国人爱戴的君主之一。她死后就埋葬在威斯敏斯特教堂。

这是圣保罗教堂的设计者雷恩的学生在18世纪设计的，双塔耸立，非常壮观。教堂主体部分长达156米，宽22米。本堂两边各有一道侧廊，上面设有宽敞的廊台。本堂宽11.6米，上部拱顶高达31米，是英国最高的哥特式拱顶，这样的结构显得本堂比例狭高顾长，巍峨挺拔。耳堂总长为62米，与本堂交会处有4个尺寸很大的柱墩，用以承托上部穹顶。穹顶以西是歌唱班的席位，以东是祭坛。而钟楼高达68.5米，十分高耸壮丽。整个建筑古典庄严，高大古朴，弓形的石雕精美细致，挺拔的立柱直指苍穹。教堂最上端林立着由彩色玻璃嵌饰的尖顶，巍峨地冲向天际，如雕似刻，精巧绝伦，抬头仰望会有一种天堂般高远莫测的玄妙和神秘感。教堂四周高处的窗户都是用五颜六色的彩色玻璃装饰而成，它们使以灰色为主调的教堂在庄严中增加了几分典雅和华丽的情调。威斯敏斯特的柱廊恢弘凝重，拱门镂刻优美，屏饰装潢精致，玻璃色彩绚丽，双塔嵯峨高耸，整座建筑既金碧辉煌，又静谧肃穆，其精美豪华、富丽堂皇为英国教堂之冠，不愧是英国哥特式建筑中的杰作。

威斯敏斯特教堂全系石造，主要由教堂及修道院两大部分组成。有圣殿、翼廊、钟楼等堂组成。进入教堂的拱门圆顶，走过庄严却有些灰暗的通道，眼前豁然一亮，进入到豪华绚丽的内厅。教堂内宽阔高远构造复杂的穹顶被装点得美轮美奂，由穹顶挂下来的大吊灯华丽璀璨，流光溢彩。地上铺的是华贵富丽的红毯，一直通向铺着鲜艳的红色丝绒、装饰得金碧辉煌的祭坛，这就是举行王室加冕礼和皇家婚礼的正地。祭坛后是一座高达3层的豪华坟墓——爱德华之墓，祭坛前面有一座尖背靠椅，这是历代帝王在加冕时坐的宝座，据说是件有700多年历史的、一直使用至今的古董。宝座下面摆放着一块来自苏格兰的被称作"斯库恩"的圣石。宝座和圣石都是英国的镇国之宝。

>> 亨利七世礼拜堂内景。

威斯敏斯特教堂内还有大量馆藏，加冕用品以及勋章等庆典用品都收藏于此。还有英国王廷收集的关于历史、艺术、科学等各个方面的资料，如1500年以来富于戏剧性的历史记录都保存于此。人们在赞叹威斯敏斯特教堂建筑艺术的同时，还可以从中了解到英国的历史。

威斯敏斯特教堂内有许多礼拜堂，除了巨大的天主教礼拜大堂，在圣坛后还有一个专门为女士而建的小礼拜堂，叫做亨利七

>>> 威斯敏斯特大教堂。

世礼拜堂。这是教堂内最珍贵的宝藏，是16世纪都铎王朝的创始人亨利七世下令建造的，将近10年方才建好。礼拜堂的装饰极为华美精细，是英国晚期哥特式装饰风格的杰出代表。礼拜堂扇形的圆拱屋顶以纯白色的石材建造，上面装饰着中古时期骑士勋章图案的彩色旗帜。周围大面积的彩色玻璃窗使人几乎感觉不到墙壁的存在，灿烂的色彩令人目眩神迷。堂内拱券的券肋雕饰密布，精雕细琢，拱顶悬垂下许多漏斗形花饰，极为精巧，仿佛童话仙境一般，精美绝伦，观者无不叹为观止。在亨利七世礼拜堂后面是皇家空军礼拜堂，最突出的景观是四周的彩色玻璃窗，上面镶嵌着所有在1940年的不列颠战役中立功的飞行中队的徽章。

 品读札记

威斯敏斯特大教堂是世界上最巍峨壮丽的教堂之一，它的外

观恢弘凝重，装潢优美精致，整座建筑金碧辉煌而又静谧肃穆，被认为是英国哥特式建筑中的杰作。它见证了泰晤士河的千年沧桑，引发出人们对千古风流人物的无限感慨，触发着游人的思古幽情。它不仅是英国最出色的哥特式建筑，还是一座难得的历史博物馆。

3 哥特式建筑的代表
>>> 沙特尔大教堂

人文地图

　　沙特尔大教堂是法国哥特式建筑的代表作之一。它的尖塔直插云霄，俯瞰周围的乡村，生动地象征着中世纪基督教信仰的庄严和力量。它集12、13世纪的建筑、雕刻艺术精华于一体，在美学、经济和科学技术上都是一个史无前例的壮举。

品读要点

　　沙特尔大教堂是法国著名的天主教堂，位于法国沙特尔城的一个山丘上。沙特尔城曾是欧洲西部宗教活动兴盛的地区。沙特尔大教堂最初是建在地下的一个小教堂，据说里面保留着圣母玛利亚穿过的衣服。11世纪以后，小教堂被扩建。但在12世纪末，教堂遭受到一次重大的火灾，主要建筑物都被焚毁，仅剩下塔楼的底层。今天所见的教堂是在1194年重建的。

　　像古代庙宇一样，教堂是城市的纪念碑，在文明所创造的全部伟大纪念碑形式中，教堂最好地表现了全社会的共同努力。教堂也是一个城市的礼仪中心。在中世纪，教堂起到了一种凝聚力的作用。也就是说，教堂在一个城市中起着非常重要的宗教礼仪作用。而对于市民或者教徒来说，一个城市拥有一个宏伟的教堂，是值得骄傲的事。法国的亚眠主教堂、博

镶嵌装饰 (Decorating with Mosaics)：镶嵌画是利用细小的彩色玻璃或石块镶嵌在墙上或天花板上，砌出图画或图案的装饰。在昏暗的光线下，镶嵌画看上去仿佛在发光。

>>> 法国沙特尔大教堂的浮雕（13世纪）。

韦尔主教堂、兰斯主教堂和沙特尔大教堂就成为彼此竞争的城市纪念性建筑。其中沙特尔教堂形成了一种大教堂建筑模式。

这座建于12世纪的壮丽教堂给后人留下许多难解之谜。它运用了当时超乎寻常的高超技术，用石块和彩色玻璃写下了一个待解的"方程式"。在教堂建成后800年的今天，参观过这座教堂的人无不被其质朴而又恢弘的气派所震撼，为其表现出的杰出的建筑水平、艺术造诣而惊叹不已。虔诚的基督信徒继续在这里做礼拜，而建筑师和历史学家一直试图揭开其中的奥秘。

沙特尔大教堂所在的堂址老早就承载了人们信仰的用途。史前人相信他们能利用地能，于是就在沙特尔，在两三块未经斧凿

的坚硬石块上搁上一块石板堆起了一个石塔。据说无论谁走进石塔都会吸收到神奇的地力而充满活力。不久，这处地方连同一口井和土丘，就被视为圣地。

后来，古代高卢和不列颠的凯尔特祭司在沙特尔成立了一所学院，成为他们的传教中心。按照预言，他们雕刻了一个童贞女孩的木像，称之为"地下贞女"。基督徒于3世纪发现了这尊因年代久远而变黑的雕像，以后便奉为黑圣母。于是在此兴建第一座教堂给圣母，之后陆续添加了其他建筑，最后成为今天所见到的哥特式建筑杰作。

关于建造这座教堂的灵感来自何方，有多种说法。相传在中古时期建造这样一幢建筑物所需的先进建筑知识，是由"圣殿骑士"自东方引入的。他们是9个法国骑士，在明德隐修教会创办人伯尔纳劝说下，放弃世俗的一切，改而寻找据说是埋藏在耶路撒冷所罗门神殿颓垣下的"秘密"。他们搜寻了10年，1128年返回法国时，传言他们找到了圣约柜，柜内藏有支配数字、度量衡，包括黄金分割1.618的神圣定律。黄金分割经确定是美学上最合适的比例，因此支配了文艺复兴时期和以后的大部分艺术与建筑。骑士返国适逢哥特式建筑在欧洲趋于成熟，沙特尔的第一所教堂在6年后动工。在30年间，几何学家、天文学家和石匠、玻璃工雕匠、其他工匠合力建造了一个宏伟的殿堂，其比例、朝向、位置和象征一令参观者心旷神怡。

教堂的"神圣中心"在唱诗班席第二和第三间隔之间，祭坛原本就在这里。在神圣中心地下37米深处是德鲁伊特水井。而在神圣中心之上同样距离的地方就是哥特式教堂圆顶上的尖塔。

据说，这座教堂具有改变人的力量，能像炼金士把贱金属变为黄金一样提升人的精神境界。来此做礼拜的人走到教堂入口大西门，会发觉自己身体站得更直，头仰得更高。教堂好像有种令人身体提升的作用，以便身体准备接受地下发出的神秘力量和上面降下的神圣感召。

>> 法国沙特尔大教堂结构示意图。

长久以来，沙特尔大教堂一直是一个主要的朝圣中心和祭祀圣母玛利亚的圣地。法国是哥特式建筑艺术的起源地，其垂直的线条、高阔的空间、巨型的玻璃窗所营造出的轻盈飞升的动感，洋溢着对天国的向往，最能体现天主教的宗教意识。"沙特尔风格"曾被迅速地推广到欧洲各地，成为后来许多著名教堂的样

本，其自身也成为法国著名的四大哥特式教堂之一。1980年列入世界遗产名录。

20世纪以来，沙特尔大教堂的钟楼和雕塑曾经受到不同程度的损坏。一些玻璃窗已经开始变质。法国政府正拨款予以整修。沙特尔大教堂长130米，宽37米，高36.55米。平面设计则采用了黄金分割数1.618，柱子间的距离和中殿、南北耳堂和唱诗班席位的长度全是这个数字的倍数。沙特尔教堂可用来研究象征主义，它的结构设计都体现出宗教的意义。它的外形像是个向天的十字架，而左右两侧的两个尖塔，直插云天，就像是上帝的手指。

从外部看，教堂的西侧正立面，比例和谐但是风格迥异的两个塔楼，明显地不对称。南侧钟楼建于1145—1170年，高为106米，是早期法国哥特式的八角形建筑，其风格庄重务实；而北侧钟楼初建于12世纪，但当时没有建尖塔，16世纪初才由让·德博斯增建了一个火焰式镂空尖塔，塔顶高111米，其风格轻巧华美。在双塔之上是耸立的锥形塔尖，十分挺拔，直刺云霄。

大堂西部的正门为一组三扇深凹进去的尖拱大门，门的两侧原有24尊圆柱雕像，现存19尊。三扇大门的中门即"主门"，因其门楣上的浮雕表现基督是万王之主而得名。主门两侧圆柱上的浮雕人像是《圣经》故事中的君王和王后。大堂侧大门旁的雕像是圣母和《圣经·旧约》中的人物，南侧大门旁的雕像为基督的一生。教堂的3扇大门分别与3扇圣殿相通，象征耶稣不同时期的生活。

从中间的正门进入，首先映入眼帘的是宽敞的中殿，中殿长130米，正面宽16.4米，高32米，是法国教堂中最宽的中殿。两边是侧廊。砖石方柱与拱顶相接，高约37米，内有两个大的玫瑰窗及两个尖拱形的侧高窗，装有160块13世纪的彩色玻璃。整座教堂里共有2999块的窗画玻璃，表现了4000多个人物，堪称为世界之最。在祭台与中殿之间有一个漂亮的祭廊，它建于16—18世纪，上面刻有描绘耶稣及玛利亚生平的浮雕，都极为精美细致。

沙特尔大教堂的玻璃是世界上最精致的。威廉·弗莱明说："墙壁的空间通过形式和色彩的语言和所表现的宗教题材与礼拜者进行交际。在阳光和煦的日子里，透射进的阳光将地面和墙壁变成了不断变换着色彩的镶嵌细工。神秘的光柱和天窗也使拱门、护间壁和拱顶似乎具有无限的空间和高度。由于观者的眼睛自然而然为光线所吸引，因此使人觉得内部仿佛完全是由窗构成的。"沙特尔

>>>沙特尔大教堂内景。

　　大教堂的彩色玻璃窗和两个圆花窗，170幅彩色玻璃窗画均以《圣经》故事为题材，构成了一个色彩斑斓又充满神秘气氛的世界。制作这些彩色玻璃窗的艺术家在玻璃窗装上前，都是分开进行，再最后组装，是无法清楚"看"到整件作品的，而装上后再做修改又为时太晚，这就更显出其独特之处，让人更加佩服其工艺的巧夺天工。大堂内包括近4000个拜占庭风格的人像，形象鲜明突出，宗教气氛浓厚，被公认为13世纪玻璃窗画艺术中最完美的典型。两次世界大战期间，彩色玻璃窗都被卸下来妥善保管。

　　除了玻璃窗，沙特尔的扶拱也叫人赞叹不已，因此常作为仿效的标准。这项用于哥特式建筑的创新技术可减轻推力，使承重墙和基柱不至于被向外推，有助建造高拱形的屋顶。这项技术不仅使整体空间宽敞，还可采用大面积的彩色玻璃而不影响整体结构的完整性。任何一个人，当他沿着沙特尔大教堂的三叶拱走动，都仿佛沐浴在宝石一样火红晶莹液体中和先知长

袍的绿色之中。

在教堂中大大小小的雕像遍布大堂各处。沙特尔大教堂的雕刻群像是法国哥特式雕刻艺术的典型作品，其特点是形体修长、姿态内敛，以雕像头部前倾后仰、左顾右盼来表现人物的神态和动作，生动活泼。

可以说，沙特尔大教堂建筑过程就是对哥特式建筑的探索过程，并由此形成了完善的哥特式建筑体系。沙特尔大教堂是法国哥特式建筑艺术的典型代表。其宽广的教堂中殿两旁为纯哥特式的向上尖顶风格；其门廊装饰代表了12世纪中期雕刻艺术的精华；其彩色玻璃镶嵌画窗闪烁着12世纪和13世纪艺术的光芒。所有这一切至今仍完美如初。从远处看，两个大小不等的尖塔格外醒目。走近教堂，又会被奔放的拱垛和细腻的雕刻、精美的绘画所震撼。

品读札记

沙特尔大教堂以其宏伟壮观、高耸挺拔的建筑与被称为"石刻的戏剧"的雕刻群像组成了和谐美妙的整体。它那100多个玻璃窗和彩绘人物组成了绚丽多彩的世界，再现了基督布道的场景，幻化出飞升于天国的神秘境界。

4 中世纪建筑中的仙葩
>>> 巴黎圣母院

人文地图

巴黎圣母院是中世纪兴建的一座著名的哥特式教堂，被誉为"中世纪建筑中最美的花"，是巴黎的象征之一。世界著名文豪维克多·雨果

>>> 巴黎圣母院。

的不朽名作《巴黎圣母院》尽情描绘了巴黎圣母院的魅力和风采。书中美丽的吉卜赛女郎艾丝米拉达和丑陋善良的"敲钟怪人"卡西莫多的凄美动人、离奇曲折的遭遇，给这个壮观的古老教堂增添了荡魂夺魄的传奇色彩。多年来巴黎圣母院和艾菲尔铁塔及卢浮宫一直是法国吸引游客最多的景点。

品读要点

巴黎圣母院是巴黎大主教莫里斯·德·苏利兴建的。它12世纪初开

始修建，当时的教皇和法国国王路易七世共同主持了它的奠基仪式，经过将近两个世纪的修建才最后竣工。此后，巴黎圣母院经历了各种磨难和战乱的破坏，已经破烂不堪，直到1864年进行了大规模的修复后，巴黎圣母院才又展现出动人的容颜。

数百年来，巴黎圣母院一直是法国宗教、政治和民众生活中的重要活动场所，许多重大的典礼仪式都在此地举行。1455年，被尊为"圣女贞德"的奋起抗击外国侵略者的民族女英雄贞德的昭雪仪式在此举行。路易十四和路易十六的加冕大典也选择这里。1789年，法国资产阶级大革命如火如荼地展开，法国人民在此欢庆攻陷巴士底狱的胜利，迎接一个新时代的到来。1804年，叱咤风云的拿破仑在这里加冕称帝。1918年，巴黎市民为庆祝第一次世界大战胜利在此向圣母感恩。1945年，巴黎市民为战胜德国法西斯在这里举行了欢庆活动。1970年和1974年圣母院为戴高乐将军和蓬皮杜总统举行了追思弥撒。巴黎圣母院忠实地记录了一幕幕法兰西的历史风云。

巴黎圣母院被称为法国最伟大的建筑艺术杰作。它精致坚固而又气派非凡，是欧洲建筑史上一个划时代的标志。圣母院正面庄严方正，被纵向垂立的壁柱平均分隔为三大块，左右两块上方各有一塔对峙。最下面有三个内凹拱形的门洞，上面是取材于圣经故事的浮雕。左面的圣母门最为精美，雕刻着圣母玛利亚的形象和经历，拱门以树叶、花朵和水果形状为饰条，优雅清新；中央的大门是末日审判的内容，一边是升入天堂的灵魂，一边是沉于地狱的罪人；右边则是圣安娜门，这座门原来是为正门设计的，后来正门被拓宽，才被移到这里充当偏拱门。上面刻有圣母玛利亚和圣婴的雕像，他们被丰满的小天使环绕在中间，神情安详宁静。教堂的缔造者莫里斯主教和年轻的法国国王路易七世的雕像也在上面，他们正虔诚地将教堂奉献给童贞圣母。框缘上的浮雕表现的是圣母的生平和她父母的生平，拱门上再次重现天堂的美景。三个门洞上方是长长的横贯墙面和雕刻着齿形飞檐浪花浮雕的神龛。里面陈列着基督先人、以色列和犹太国国王的28尊雕塑，被称为"国王长廊"。雕像的神态生动逼真，具有很高的历史价值。但在1793年的法国大革命中，愤怒的巴黎人民将他们误认成深恶痛绝的法国国王的形象而将它们捣毁。后来，雕像又被复原并放回原位。

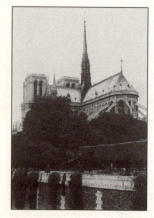

>>> 在雨果的笔下，巴黎圣母院被称为是"一曲石制的波澜壮阔的交响曲"。

扶壁（Buttress）：倚靠墙壁构筑的石造物，提供额外的支撑力，或是抵抗从拱顶、拱券来的推力。

　　"国王长廊"上面为中心部分，两侧各为两个巨大的石质中棂窗子，中间则是一个玫瑰花形的大圆窗。窗子建于1220—1225年，直径约为10米。中央供奉着圣母圣婴的塑像，两边立着天使以及亚当和夏娃的塑像。再往上面，是一条走廊围着美丽的白色雕花栏杆，连接着南北两座高达69米的巨型钟楼。南钟楼上悬挂着一座重达13吨的巨钟。传说，这就是雨果小说里那口著名的卡西莫多的大钟。17世纪铸造这口钟时在原料里加入了黄金、宝石等许多巴黎妇女为表达虔诚之心而奉献出的首饰，因此敲起来声音格外清脆响亮。北钟楼则设有一段387级的阶梯。两座钟楼后面有座高达90米的尖塔，巍峨入云，塔顶是一个细长的十字架，远望似与天穹相接。据说，耶稣受刑时所用的十字架及其冠冕就在十字架下面的球内封存着。这座尖塔

>>> 巴黎圣母院屹立于塞纳河中的西奈岛上。

虽比两座钟楼还高出21米，但从正面看，高低却好像一样。从中可见建筑师的独具匠心。整个建筑象征着基督教的神秘，给人以庄严肃穆、神秘莫测之感。

进入圣母院的正殿，长130米，宽48米，高达35米，能容纳9000人左右的高旷厅堂充满着庄严肃穆的气氛。祭坛中央供奉着被天使与圣女簇拥的遇难后的基督耶稣的雕像。厅内的大管风琴也很有名，共有6000根音管，音色浑厚响亮，特别适合奏圣歌和悲壮的乐曲。在殿堂的回廊、墙壁和门窗上都布满了描绘圣经内容的绘画与雕塑作品。在正殿的两侧还设有众多的小礼拜堂，都精美雅致。

圣母院里还有一座路易十三为感谢圣母赐子而奉献的唱诗台。前面立着一尊美丽的圣母怀抱圣婴的雕像。路易十三在婚后23年喜得一子，即后来称为太阳王的路易十四，他认定这是天上降下的奇迹，于是奉献了唱诗台来歌颂圣母的恩德。

经过唱诗台，就是圣母院的藏宝室。这座古老的圣器室内珍藏着几件基督殉难时的圣物：一块从十字架上取下的长为20厘米的木片，一束从荆冠上取下的枯枝和一根原属十字架的铁钉。

巴黎圣母院的屋顶、塔楼等所有顶端都是尖塔形状，大大小小的尖塔好像是争先恐后地直入云霄，给人一种高远挺拔、生气勃勃的感觉。

巴黎圣母院还是一座地道的石头建筑，被誉为由巨大的石头组成的交响乐。整座教堂从墙壁、屋顶到每一扇门扉、窗棂，以至全部雕刻与装饰，都是用石头雕琢并砌成的。它那精美华丽的建筑雕饰，玲珑剔透的塔尖和钟楼，五光十色的彩色镶嵌玻璃窗，以及墙面各部位的千姿百态的雕像，是法国辉煌历史的见证，令古往今来的世界游人都叹为观止。

品读札记

巴黎圣母院是欧洲建筑史上一个划时代的标志，是世界建筑史上无与伦比的杰作。如同雨果在小说里的描绘："这上下重叠为雄伟壮观的六层，构成了一个和谐宏伟的整体——这一切，既是先后地，又是同时地拥挤着，但丝毫不紊乱地尽情地展现在你的眼前，连同

半开敞式建筑：大型后殿。也指半圆形或矩形的凹陷空间或壁龛。

>>> 巴黎圣母院的玫瑰窗。玫瑰美丽、高洁、芬芳，是圣母的象征。二战期间，巴黎人害怕德国纳粹将玫瑰窗抢走，曾将其拆下藏起来。

无数浮雕、雕像和细部装饰，强劲地结合为肃穆安详的整体，简直是一曲石制的波澜壮阔的交响乐。这是人类和一个民族的卓越作品，它的和谐整体既复杂又毫不缺乏统一……它的每一块石头上都呈现着艺术家们的天才奇想和工匠们的娴熟技能。"

5 斜而不倒的奇迹
>>> 比萨斜塔

🌐📖✝ 人文地图

比萨斜塔作为意大利最优秀的文化遗产，被誉为中世纪七大建筑奇迹之一。它斜而不倒的优美造型在全世界都独一无二，是闻名世界的经典之作。

品读要点

公元11世纪时，比萨是海上强国。为了纪念1062年打败阿拉伯人，当时的君王决定兴建一个包括有主教堂、钟塔和洗礼堂在内的宏大建筑群，而比萨斜塔就是其中的钟楼。原本在整个中世纪时代，意大利人的习惯是把教堂、钟塔和洗礼堂建成独立的建筑物。

>>> 比萨斜塔。

比萨塔在建造之初，塔身还是笔直向上的。但当第三层完工后，也就是塔身建到10.6米时，建造者突然觉察到建筑物的垂直度在偏移。于是，工匠们赶紧进行补救。在随后的工程里，他们在塔身的南侧垒砌较高的石块，而在北侧用稍矮的石块，想以此来矫正。但这样只是使塔身变得弯曲，并没有改变它的倾斜。到后来，地基下松软的土层由于受到塔重的挤压开始渗出水来，工程无法再继续下去了，只好停止。这一停就是100多年。

13世纪，世人又将目光集中到这被废弃多时的工程上。当时著名的建筑师托马斯·皮萨诺对比萨塔进行了精心的测定后，认为现有的斜度并不影响整个塔身的建造，完全可以继续进行。于是，比萨塔开始了它的二期工程。这回，为了防止塔身再度倾

>>> 比萨主教堂和斜塔。

斜，工程师们采取了一系列的补救措施，如采用不同长度的横梁和增加塔身倾斜相反方向的重量等来转移塔的重心。可比萨塔建到了第七层时，塔顶中心点已经偏离塔体中心垂直线2米左右，建筑人员不敢再冒险继续了。一直等到1350年，有关人员决定给这个七层的塔身，加一层钟楼封顶，以使工程正式竣工。然而正是这层钟楼给整个建筑物带来了致命的打击。因为如果没有这层钟楼的重量，比萨塔有可能永远稳定在原来1.5度的倾斜角上，而不是现在的5.5度。

到了1838年，比萨斜塔由于持续的倾斜，底层支柱雕饰华丽的根部已经隐入地下。一个名叫克拉德斯卡的建筑师为了让埋入土中的柱子重见天日，竟愚蠢地挖动基座边的土。结果发生了更大的不幸：短短几天内，塔身就倾斜了0.75度，塔顶向南倾斜了0.6米。比萨斜塔更加倾斜了。

为了保护好这座纪念碑一样的斜塔，使它免遭坍塌的厄运，从19世纪开始，人们就对其采取了各种措施。20世纪30年代，有关部门在塔基周围施行灌浆法加以保护。工程师们在地基上钻了好几百个洞眼，灌注了80多吨水泥浆，但这并未能解决问题，反

而使塔身进一步倾斜。在1965年和1973年，意大利政府曾两次出高价向各界征求合理的建设性意见。并从1973年起禁止人们在以斜塔为中心，半径1.5公里的范围内抽水。

为了避免斜塔进一步加大倾斜，从1992年开始意大利暂时关闭了比萨斜塔，开展了挽救工程。科学家们运用了120多种仪器来监测比萨斜塔的每一细微反应，工作人员使用直径20厘米的标准螺旋在塔的地基上挖掘钻孔，精心测量挖出的土方。按照科学家们得出的结论，认为地下水位的季节性涨落是使倾斜永远存在的动因。工程师们推测，一旦塔身得以加固，在地下安置一个巨大的横断层，以控制地下水的流动，就会防止塔身再度移动。但比萨斜塔重修工程充满了挑战性，也引起许多争议，因为任何一项干预性措施都是冒险性的，谁也不能保证万无一失，而且也没法应付所有的自然力量。地震和恶劣的天气会给塔基带来灾难性的影响。有一年冬天，因为气温急剧下降，仅在一天之内比萨斜塔就向南倾斜了一毫米多。1980年的一次大地震又使斜塔遭受到了强大的冲击，整个塔身大幅度摇晃达22分钟之久，真是岌岌可危。

但挖土拯救实验的早期成果是令人满意的，4个月的挖土工作使塔身校正了3.3厘米。工程的最终目标是减少10%的倾斜度，也就是相当于0.5度。科学家认为，如果能够取得预期的结果，就有可能将塔调整回它3个世纪前的状态，这就为后人争取到了更多的时间以采用更先进的科技，使斜塔不致倒下。

经过专家们及社会各界的共同努力，挽救工程已基本完成。2001年，比萨斜塔又向全世界人们开放了。人们又可以欣赏这建筑史上的奇迹了。

举世闻名的比萨斜塔是世界著名的建筑奇观和旅游胜地。它巍然耸立在意大利的比萨城，它历经千年多灾多难的风雨洗礼，演绎了无数的沧桑故事。比萨斜塔是比萨教堂建筑群中的钟塔，在比萨大教堂的东南侧位置，是建筑群中最著名的建筑。在大教堂的同一轴线上还矗立着圆形的洗礼堂。这三座形体各异的建筑均为白色大理石建造，空券廊装饰，风格统一和谐，构成了一个建筑整体。在周围碧绿的草地映衬下，既没有宗教神秘气氛，也没有威严震慑力量，亲切生动，优雅秀丽，是这一时期欧洲建筑中的杰作。

比萨斜塔平面为圆形，直径16米，外径约为15.4米，内径约

>> 比萨斜塔。

>>>意大利比萨教堂建筑群。

为7.3米。塔身一共有8层，通体用白色大理石砌成，塔体总重量达1.42万吨。塔高54.5米，从下至上，共有213个由圆柱构成的拱形券门。塔身墙壁底部厚约4米，顶部厚约2米。比萨斜塔的最下层是实墙，底层有圆柱15根，刻绘着精美的浮雕。中间6层每层分别有31根圆柱，用连续券做面罩式装饰；最上一层的圆柱为12根，向内收缩，作为结束。沿着塔内螺旋状的楼梯盘旋而上，走过294级台阶，经过令人眼花缭乱的拱形门，就可至塔顶，人们可以在塔中任何一层的围廊上停留。由比萨斜塔向外眺望，比萨城秀丽明媚的风光尽收眼底。只见蓝天白云下，城中一片鲜红的屋顶，在绿树掩映中显得格外明快美丽。比萨大教堂的大钟也置于斜塔顶层。斜塔里面一共放置了7座大钟。最大的钟是1655年铸成，重达3.5吨。

斜塔造型轻盈秀巧，布局严谨合理，各部分比例协调，是罗马风建筑的典范。它如同一件精美的艺术品，立面呈现着丰富的明暗变化，富有韵律感，是意大利独一无二的圆塔。

比萨斜塔的倾斜问题一直是建筑史上的焦点。比萨大学的专家们从每年对斜塔的测量中获知，塔的倾斜率在逐年加大，如果不全力以赴地予以抢救，这座世界闻名的历史古迹很可能毁于一旦。

但幸运的是，该塔一直巍然屹立，这种"斜而不倒"的现象，堪称世界建筑史上的奇迹，使比萨斜塔名声大噪，吸引了世界各地的游客。每年都会有近80万的游客来到塔下，对它"斜而

不倒"的塔身忧虑、焦急，同时为自己能亲眼目睹这一由缺陷造成的奇迹而庆幸万分。

比萨斜塔名闻天下，还有一个历史原因，是和伟大的天文学家、物理学家伽利略的实验有关。那是在1590年，伽利略在比萨斜塔上，做了一个著名的自由落体实验。伽利略在认真研究了亚里士多德的"物体落下的速度和它的质量成正比"的观点产生了质疑。于是，他就带领自己的学生，登上了比萨斜塔的顶层，让手中两个质量不等的铁球同时从塔顶垂直自由落下，结果两个球同时着地。这一实验，轰动了全世界，一举推翻了禁锢人们2000多年的亚里士多德的"不同质量的物体，落地的速度也不同"的定律，引起了物理学界的一场革命。从此，比萨斜塔闻名全球，成为比萨城的象征。

>>> 比萨礼拜堂。

📖 品读札记

比萨斜塔可以说是歪打正着，因失误而名扬天下，成为建筑史上的奇迹，留给后人一道美丽的景观。但是，比萨斜塔的设计师未考虑到地基沉陷问题而导致塔身倾斜，在长达百年的修建过程中，执著地与自然做着斗争带来的尴尬结果，是更应该吸取的深刻教训。

6 哥特建筑的完美之花
>>> 亚眠大教堂

 人文地图

亚眠大教堂是法国最大、最古老的教堂之一，是中世纪哥特

小贴士

拉丁十字形：指的是垂直方向的长度比水平方向的长度长得多的十字形。不过在多数情况下，拉丁十字形除了下臂较长外，其余三臂的长度都是相等的。

>>> 法国亚眠主教堂大厅。

式建筑的杰出代表。它高大挺拔，气势宏伟，气象万千，富丽堂皇。在法国的大教堂中，只有它和沙特尔大教堂被列入联合国教科文组织的"世界遗产"名录。

品读要点

亚眠大教堂位于巴黎西北部120公里处的亚眠市。亚眠是一座历史悠久、风景优美的文化古城，市内有一条河蜿蜒流过，在19世纪，亚眠以其浓郁的文化艺术气息被称为"小威尼斯"。著名的科幻小说家儒勒·凡尔纳就在这里度过了他的后半生。

亚眠大教堂是亚眠市的重要建筑，它是13世纪初期兴建

的，整个过程十分顺利，没有像许多建筑那样几经周折和磨难，一次性就建造完成。亚眠大教堂集中汲取了当时最先进的建筑技术，是法国最高、最长、最大的教堂。后来兴建的博韦大教堂曾试图突破它，创造新高，但因种种问题，始终未能如愿。而后随着英法百年战争的爆发，法国人再没有热情来修建像它这样高大的教堂建筑了。亚眠大教堂一直保持着无人超越的完美境界。

亚眠大教堂是法国哥特式建筑的经典之作。哥特式建筑是中世纪的代表建筑形式。它首先诞生在法国。12世纪上半叶，当西欧大部分地区还在流行罗马式建筑的时候，在法国巴黎的北部就率先出现了一种以尖顶、肋拱和阔大的彩色玻璃窗为主要特点的哥特式教堂。这种新的建筑形式的鲜明的风格特征就是无论是外观设计还是内部装饰，都以高挺的垂直线条为主，整个建筑充满挺拔、飞扬、升腾的动感。12世纪末期开始重建的沙特尔大教堂标志着新风格的形成。1211年重建的兰斯大教堂采用新的比例关系，突出穹隆的高度，完全省去了墙壁，更加重视了窗户的作用，进一步发展完善了哥特式设计。到了亚眠大教堂，哥特式建筑已进入了成熟期。它更加鲜明完美地体现了哥特式建筑的美感。亚眠大教堂与兰斯大教堂、沙特尔大教堂和博韦大教堂一起，并称为法国四大哥特式教堂。哥特式建筑充满了飘逸的灵性，垂直高耸的线条寄托着飞扬升腾的灵魂，引发着人们对天国的无限向往，洋溢着摄人心魄的艺术魅力。

亚眠大教堂轻盈剔透，华丽灿烂，充满着一种飞跃升腾、直插云霄的气势和光芒四射、浪漫飘逸的美感。它对同时期和后世的建筑影响很大，直接推动了哥特式建筑在西欧的发展。德国最早的哥特式教堂，著名的科隆大教堂就深受它的影响。

与其他哥特式建筑不同，亚眠大教堂外部减少了塔楼的数量，更注重于立面的装饰，而且在高度上达到了43米，高出了其他的教堂。教堂内部窗户的面积大大增加，几乎找不到墙面，处处是华丽精美的玻璃窗画。而承重的柱墩也以细柱为主，它们与屋顶尖券的券肋连成一体，一气呵成，看起来更为坚固、连贯，充满向上的动感。

亚眠大教堂以其设计的连贯性、内部的层次装修之美和被称为"亚眠圣经"的雕塑群而著称于世。整座建筑用石块砌成，由

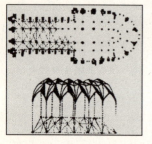

>>> 相同大小和形状的重复和再现（哥特式教堂，上为平面图，下为拱肋结构屋顶示意图）。

3座殿堂、十字厅和设有7个小拜堂的环形后殿组成。平面基本呈拉丁十字形，长143米，宽46米。教堂正门在西面，从上至下一共分为3层，巨大的连拱占了一半的高度。正面拱门上方的拱廊的每个小拱中都装饰有6把锋利的刺刀，每3把成为一束，立在三叶拱的下面。拱门与拱廊间都用精美的花叶纹装饰。底层并列的3扇桃形门洞侧壁上都刻有浮雕。正面门楣上一系列的圣人雕像，已经是成熟的哥特式作品，精美生动、栩栩如生。其中最著名的是一座名为"美丽上帝"的雕像，耶稣的表情高贵祥和、悲悯仁慈，有着高贵威严的风度，十分具有感染力。中层是两排拱形的门洞，下面一排8个，上面一排4个，为著名的"国王拱廊"。4个拱形门两两对称，中间是一面直径为11米的巨型火焰纹玻璃圆窗，此窗也称"玫瑰窗"。顶层又是一排连拱，由4大4小8门洞组成。在教堂两侧各有一座塔楼，北塔高67米，南塔高62米，双塔对峙，十分壮丽。

通过大教堂正面的3个拱门就可进入教堂内部。教堂内十字厅宽敞阔大、气势宏伟。拱间平面为长方形，每间都有一个交叉拱顶，上下重叠，中间饰以浮雕，与侧厅拱顶相对应，烘托出整体一致的庄严而又不落俗套的感觉，同时还产生一种高大无比的视觉效果。殿堂和唱诗台在十字厅两侧分布，加强了完整状的平衡，突出了轻快格调的结构，开创了建筑学上的强调余光的新阶段。教堂周围墙壁上高达12米的彩色玻璃窗，保证了充分的光照，使得教堂显得十分明亮。教堂内壁少有裸露的墙壁，几乎都是宽大的窗户，上面装饰着由五颜六色的彩色玻璃镶嵌而成的、描绘圣经故事和圣经人物的图案，构图开阔，造型自由舒展。当阳光从四面八方透过那图案各异、五彩缤纷的玻璃花窗，折照出闪烁变化的璀璨光影，热烈幽秘、华丽壮观，令人目眩神迷，油然生出飞升天堂的向往。

>>> 亚眠大教堂的正门。

大殿中央是一个由110个橡树祷告席构成的唱诗坛，由4个连拱组成，线条分明。上面雕刻有4000个圣像人物，用了11年的时间才完成，蔚为壮观，是亚眠大教堂的镇堂之宝。

整个教堂被126根精美的石柱和斑斓的彩色玻璃窗装扮得富丽堂皇，站在高深的教堂正中，面对着庄严高大的圣坛，不由得会生起崇高神圣的感觉。教堂内部保存了许多完好的石雕，除了正门上的雕刻内容外，北侧门刻有诸神和殉道者，南侧门

小贴士　环形殿（Apse）：建筑物的一部分，平面上是半圆形或U字形。通常是在礼拜堂或圣坛的东端。

为圣母生平图，十字厅南大门上雕刻了全身圣母像。

亚眠大教堂高大的殿堂、高耸垂直的线条和优美的尖顶穹隆，巧妙地搭配成完美严谨的几何图形，大跨度的天顶使得室内空间显得极为精深博大，深刻地表达出虔诚的宗教信仰。对于它的宗教效果，诗人海涅曾做过这样生动的描绘："我们在教堂里感到精神逐渐飞升，肉身遭到践踏。教堂内部就是一个空心的十字架，我们就在这里走动；五颜六色的窗户把血滴和浓汁似的红红绿绿的光线投到我们身上。……精神沿着高耸笔立的巨柱凌空而起，肉身则像一袭长袍扑落地上。"

亚眠大教堂是法国哥特式的典型杰作，深刻而完美地显现出哥特式教堂的震撼力量和建筑艺术。它宏伟壮丽、空灵优美，体现着那个时代巨大的威力，宣扬着基督教的精神。对于哥特式教堂的这种宗教象征性，著名的文艺理论家丹纳曾这样描绘："教堂内部罩着一片冰冷惨淡的阴影，只有从彩色玻璃中透入的光线变作血红的颜色，变作紫英石与黄玉的华彩，成为一团珠光宝气的神秘的火焰，奇异的照明，好像开向天国的窗户。……正堂与耳堂的交叉，代表着基督死难的十字架；玫瑰花窗连同它钻石形的花瓣代表久恒的玫瑰；叶子代表一切得救的灵魂；各个部分的尺寸都相当于圣数。哥特式教堂形式富丽，怪异，大胆，纤巧，庞大，正好投合心灵的强烈需要。"

品读札记

亚眠大教堂是中世纪盛期哥特式建筑艺术的杰出代表，贯注了整个时代的宗教信念、宗教情绪和宗教追求，具有极强的象征意义。它的高大壮观、气势恢弘深深震撼着后人。有个参观者曾无限感慨地询问著名的诗人海涅："为什么我们现在就建造不了这样高大的教堂呢？"海涅回答他说："那个时代的人讲的是信仰，我们现代人讲的却是观念。而建造一座哥特式大教堂这样的建筑，仅有观念是不够的。"

7 哥特建筑的璀璨之花
>>> 科隆大教堂

🌐👁📏 人文地图

科隆大教堂是德国最大的教堂，也是欧洲乃至世界上最著名、最完美的大教堂。它巍峨雄壮、气势不凡、冷峻高耸、轻盈雅致，是中世纪欧洲哥特式建筑艺术的代表作，也是科隆城的标志性建筑，被联合国教科文组织列为"世界遗产"。

🔍 品读要点

>>> 科隆大教堂双塔远观。

科隆大教堂是德国哥特式建筑的登峰造极之作。原址是罗马时代的一座神庙，后改为主教堂。科隆大教堂正式名称为"圣彼得和玛利亚大教堂"。它是德国最大的教堂，面积相当于一个足球场。它的双塔是世界上最高的教堂塔，北塔高159.38米，南塔高157.31米，气势非凡，巍峨壮丽。它还是世界上建筑时间最长的教堂。据说当初教堂的兴建是为了保存1164年意大利米兰大主教送来的《圣经》上传说的三博士的遗物。从1248年动工兴建到1880年最后竣工，前后共跨越了7个世纪，历时632年。迄今保存的当年设计教堂的图纸就有成千上万张，堆积如山，在建筑教堂的历史上可谓空前绝后。而且，它还是欧洲教堂中收藏圣物最多的教堂。它的陈列室中呈放着名贵的耶稣受难的木雕、圣器，各个世纪留下来的皇帝的圣衣、手稿等，在石棺里还保存着教皇的遗骸。

14世纪，修建科隆大教堂可以说是众望所归。在当时德国最大的城市里建造一座世界第一的大教堂是所有德国人的共同愿

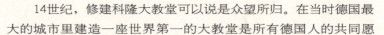

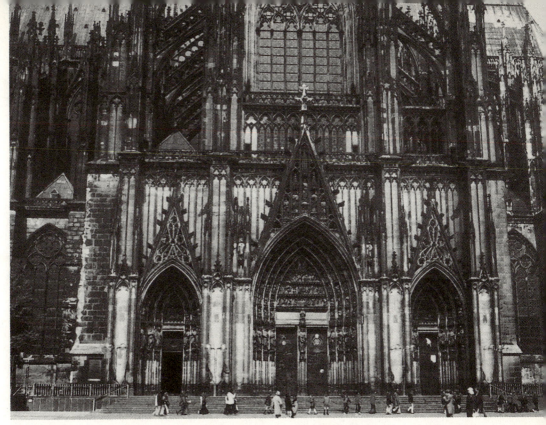

望。公元1248年8月15日，科隆地区主教康拉德为大教堂动工举　>>> 科隆大教堂正面。
行了奠基仪式。前期工程耗资巨大，以当时的技术条件来看简
直难以想象。双顶教堂高达44米，且直上直下，既要保证底座
地基的稳固，又要体现哥特式建筑所独具的垂直线性的效果。
人们只能先建好直耸高拔的柱子，再用木制起重机，升到几十
米的高空，最后安装完成。所有的工程人员在不具备现代几何
学和力学知识的前提下，克服着各种艰难险阻，靠着对上帝的
坚定信念去完成这"不可能的任务"。设计师们对于每一个细
节部分，都精雕细琢、反复研究，边试验边建造。因为没有统
一的尺寸标准，他们就去搭建模型和制造实物。木匠、泥瓦
匠、石匠、搬运工也都不辞辛苦地忘我劳作，他们希望能造一
座人间天堂以请求上帝的赐福。终于，在1322年，科隆大教堂
的工程正式告一段落。地区主教主持了唱诗堂封顶仪式。但今
天后人看到的双塔并不是中世纪的产物。15世纪初，人们曾试
图在原教堂的南面并排修一座南堂，但58米高的建筑未盖成便
倒塌了。

　　到了19世纪60年代，普鲁士帝国日益强盛，财力雄厚。科隆
大教堂未尽的工程又被提上议事日程。德国人为了表现自己的强
国地位，决定在原来基础上再建一座世界上最高的教堂。于是从
1864年起，科隆市便开始发行彩票以筹集资金，到1880年终于完

成了修建工作，形成了今日由两座高塔为主门，内部十字心为主体的建筑群。

第二次世界大战期间，科隆遭到盟军260余次的大规模轰炸，整座城市几乎被夷为平地。教堂虽中了14枚炸弹，却奇迹般地保存下来。据说，这是因为教堂的塔身都是近乎笔直的，触到塔尖的炸弹都滑了下来，落地的炸弹虽然爆炸了，但教堂的塔基却因都是由两米多高的巨石垒就，十分坚固，从而抵御了巨大的冲击。更令人不可思议的是，教堂从上到下，大小不一、色彩各异的大理石构成的玻璃，也都是完好无损，没有一块是后配上去的。这些一小片一小片的大理石拼绘出色彩斑斓的圣经的人物图画，做工精细，用料考究，堪称无价之宝。据说在二战爆发前夕，为不使这些教会的文化珍品遭受破坏，教皇安排大量人力，将它们一块一块地取了下来，编好号，藏进地下室里。直到战争结束后，才又重新把那些一小块一小块的大理石恢复成画。光是这一项工作，就整整花了10年时间。也因此，这些宝贵的文化遗产才得以保存。

战争结束后，德国总理康拉德主持了科隆大教堂的重修工作，使其焕然一新。现在的科隆人对于两位康拉德（1248年的主教和1948年的总理）的贡献都推崇备至，称誉有加。大主教康拉德的肖像，就被镶嵌在大教堂中殿的马赛克地面上。

科隆大教堂共由16万吨石头堆积而成，是典型的哥特式建筑风格，它除了门窗外几乎没有墙壁，在高大、明亮、涂金的柱子之间，是一块块镶满彩色玻璃的大窗，辉煌而神秘，令人有恍入天堂圣境之感。整个建筑高耸、轻盈、富丽、灿烂，充满了雕刻与绘画的装饰，如同一件精美绝伦的工艺品。它从奠基之始直到形成今日之规模，蕴涵着强烈的德意志民族精神，是人类宝贵的物质和精神财富。

>>> 雾霭中的科隆大教堂。

科隆大教堂伫立在莱茵河畔的一座山丘上，总面积达8400平方米。平面呈拉丁十字形，南北宽83.8米，东西长142.6米，内有10个礼拜堂。科隆大教堂是仿照法国亚眠大教堂建造的，但也有许多自己的特点。大教堂的长厅被分为了5部分，而不是通常的3部分，左右侧厅各为两跨间，宽度都与中厅相等。中厅宽12.6米，高46米，宽与高的比例大概为1∶4，是所有大教堂中最狭窄的，这样就使得空间显得更加细长，向上的动势更为明显，产

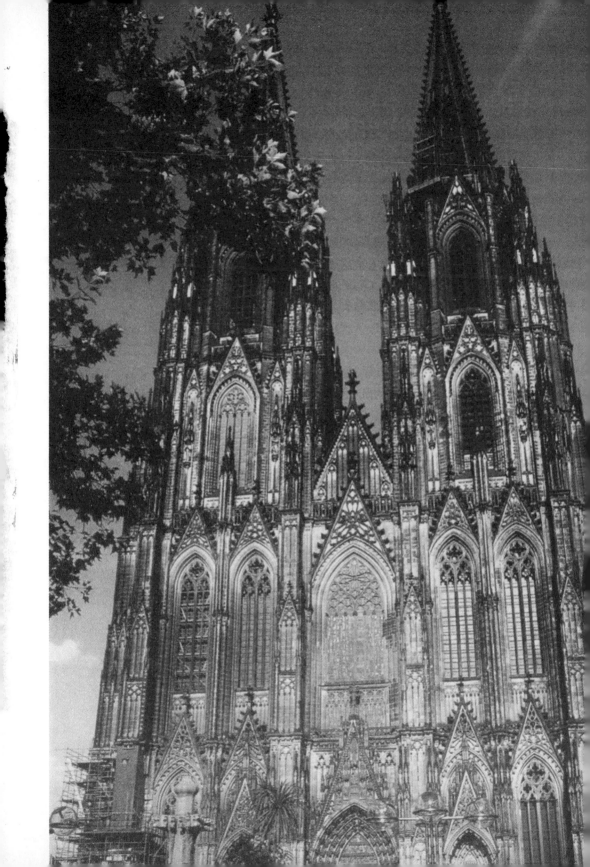

生一种超脱尘世的效果。

　　在大教堂的西端，正立面直立着一对塔楼，它们高耸入云，宛如两把利剑直插蓝天，在科隆市区以外就遥遥可见，十分壮观，这也是科隆大教堂最突出的形象标志。两塔的塔尖各有一尊紫铜铸成的圣母像，圣母双手高举着圣婴，圣母和圣婴均成十字架状，构图优美，形象生动。在教堂四周还林立着无数座小尖塔，众星拱月般簇拥着两座主塔，如同尊奉着至高无上的王者。教堂东端的后圆殿则完全仿照了法国亚眠教堂的形制。在两座尖塔上面，是科隆大教堂的钟楼。里面有5座大钟，最著名的是直径为3.1米、重达24吨的大摆钟，名为"圣彼得钟"。它在全世界的教堂中都属于"巨无霸"级的。每当响钟齐鸣，洪亮深沉的钟声就如同波澜壮阔的洪流，此起彼伏，气势磅礴，久久地回荡在科隆的天空和大地，把整个教堂烘托得更为神圣庄严。

　　科隆大教堂充分体现出建筑师对哥特精神的理解，表现出卓越的空间结构的想象力，富有创造性地揭示出哥特式建筑的本质。无论是中厅两侧拔地而起的成束的细柱，还是尖端收尾的拱顶，高高细长的侧窗，都是笔挺的直线，没有任何横断的柱头及线脚来打断。整个教堂的外部通通由垂直的线条所统贯，一切造型部位和装饰细部都以尖拱、尖券、尖顶为要素。所有的拱券、门洞上的山花、凹龛上的华盖、扶壁上的脊饰都是尖尖的。所有的塔、扶壁和墙垣上端也都冠以直刺苍穹的尖顶。而且整个建筑越往上越是细巧，越是玲珑，建筑物所有的细部上都覆盖着有流动感的石造透空花纹，明快流畅，纤巧空灵，充满着超尘脱世、升腾而上、轻盈飘逸的动感和气势。

　　走进大教堂，中央是一个大礼拜堂。堂内陈列着各种金工、石工、木工的历史文物，都巧夺天工、精彩纷呈。其中由黄金、宝石和珍稀饰品组合而成的三王龛是宝中之宝。"三王龛"的名称是源自于《圣经》中耶稣的故事。传说耶稣降生时，有三个来自东方的博士前来朝圣，向众人显示这是上帝之子——神圣的基督。科隆大教堂还有许多关于"三圣节"故事的彩色玻璃，都具有极高的艺术价值。教堂的珍宝陈列室中则陈列着各个世纪留下来的法衣及用具，其收藏在整个欧洲都数一数二。教堂中还有一件著名的圣物，就是主教堂前面高高的祭坛上陈放的，1164年专门从意大利米兰送来的三博士的遗物——黄金棺、乳香和没药。

>>> 哥特教堂肋架券、飞券示意图。

现在它们都用金神龛装着，这个金神龛本身也是中世纪的一件金饰艺术品。这里还有一件著名的艺术品，就是唱诗班长廊中一幅巨大的宗教画，它是15世纪早期科隆画坛的著名画家斯蒂芬·洛赫纳的杰作。

大教堂里面有着中世纪德国最大的圣坛。圣坛上耸立着一个巨大的十字架，据说这是欧洲大型雕塑中最古老、最著名的珍品。圣坛两侧排列着104个供信徒就座的木制席位，全部都用厚实的巨木制成，经过千年的使用，都露出发光的木纹。其旁是放射性的走廊。在教堂四壁上方有总面积达1万多平方米的窗户，镶嵌着描绘《圣经》人物的玻璃，五颜六色，在阳光反射下熠熠生辉，瑰丽缤纷，令人叹为观止。科隆教堂的内部结构独具一格，全部采用框架式的几近于裸露的骨架券，原本由大量石头堆砌的墙壁，都由彩色玻璃墙所取代。玻璃所代表的轻灵和透明，使人的心灵更为空灵，能更深切地感悟到浩瀚的苍穹和无涯的宇宙，体现了基督教神圣忘我的宗教精神。与法国的哥特式教堂相比，科隆大教堂的装饰较为疏简冷峻，就连雕刻和壁画都没有。

沿着509级台阶盘旋而上，可登上教堂97.25米的高处，凭栏眺望，科隆市和莱茵河的美景风光尽收眼底。

人们常说建筑是凝固的音乐，音乐是流动的建筑。科隆大教堂依傍着莱茵河的波光潋影，如同一首撼人心魄、恢弘壮阔的交响诗，每年都会吸引200多万的游客流连吟哦。

品读札记

科隆大教堂是德国建筑艺术中最杰出的代表，哥特式建筑的完美典范。它巍峨宏伟，清癯冷峻，充满着向上的力量，彰显着磅礴的大气，让人冥想、令人敬畏，是世界建筑史上无与伦比的旷世杰作。

8 哥特式建筑的圣殿
>>> 米兰大教堂

人文地图

米兰大教堂是意大利最大的哥特式主教堂，也是世界第三大教堂。它气势恢弘、高大壮丽，历经几个世纪方才完成，是米兰市标志性的建筑。

品读要点

>>> 米兰大教堂又称圣母降生教堂，它是基督教世界中最独特的大教堂之一。

米兰大教堂为意大利著名的天主教堂，又称"杜莫主教堂"和"圣母降生教堂"。它位于意大利米兰市。米兰是阿尔卑斯山南麓奥隆那河畔一座历史悠久的古老名城，始建于公元前4世纪，至今已有2000多年的历史。它东邻威尼斯，西靠都灵，是意大利的第二大城市，素有意大利的"经济首都"之称。雄踞在米兰市中心的米兰大教堂是意大利最大的哥特式主教堂，是米兰的象征。以大教堂为中心，三条环状的道路向城区周围发散，连通了整个米兰市。

米兰大教堂始建于1386年，是米兰第一任大公加米西佐·维斯孔蒂下令建造的。他希望打造出一座能够容纳4万人做礼拜、向他欢呼致敬的巨型建筑，以彰显自己统治的宏大兴盛。为此，他遍请欧洲各国名家和能工巧匠来从事大教堂的兴建工作。据说当时米兰大教堂的主要设计工作，是由来自法国和德国的建筑师负责的，意大利人从事装饰方面的工作。那时，法国逐渐富裕强大，建筑上更以巴黎圣母院为代表，开创了领一代新风的辉煌的哥特式时代。但意大利同其他欧洲国家不同，它并没有真正接受

哥特式建筑的结构体系和造型原则，认为哥特式教堂庞杂、混乱，太过野蛮，缺少古典的韵味，只是把它作为一种装饰风格，杂糅在建筑中。所以这座大教堂的建设过程充满了曲折，意见的冲突和格调的分歧使工程进展缓慢，直到1500年才完成拱顶，中央塔上的镀金圣母玛利亚雕像拖到了1774年。1813年，教堂的大部分建筑基本完工。但最终至1965年，大教堂正面最后一座铜门安装完好，工程才算全部竣工，历时5个世纪之久。建成后的米兰大教堂是意大利最大的哥特式主教堂，也是欧洲中世纪最大的教堂之一。它并不全力追求高耸入云的效果和直线挺立的垂直感，正面也没有钟塔，屋顶较为平缓，并不特立突出。教堂内部尖券和半圆券并用，雕刻和装饰则有明显的罗马古典风格。整个建筑由光彩夺目的白色大理石筑成。数百个精雕细刻、形态各异的尖塔，表现出向上的动势。西边正面是意大利人字山墙，装饰着很多哥特式的尖塔。因修筑的年代久远，教堂的门窗已经带有文艺复兴晚期的风格。教堂内部庄严宽敞、可容纳4万人做大弥撒。天花板上均是彩色玻璃，在装饰及设计方面，显得相当细腻，极富艺术色彩。

　　米兰大教堂，华丽壮观、气象万千，是马克·吐温称为"用大理石写诗"的地方。这样一座历经5个世纪才完成的富丽堂皇

>>> 米兰大教堂。它的规模之大仅次于梵蒂冈圣彼得大教堂，规划时结合了完美的尺度和哥特式建筑的华丽，而在许多方面脱离了意大利的传统。

的建筑物，汇集了古希腊、罗马及多种民族的建筑风格，工程之浩大，令人瞠目结舌，整个教堂本身甚至可以说是一个艺术品。1805年拿破仑宣布他兼任意大利国王时，曾在这里加冕。

从远处观看，米兰大教堂就像是一片尖塔耸立的丛林。白色的大理石，在阳光下晶莹夺目。远处依稀可见的阿尔卑斯山成了大教堂的背景，为整个建筑更增添了巍峨与神圣。教堂正面有67.9米高，高大宏伟，主要由6组大方石柱和5座威严气派的大铜门构成。每座铜门上分有许多方格，里面雕刻着教堂的历史，《圣经》、神话故事，令整个建筑层次分明、尊贵显赫。左边第一个铜门于1948年完成，镌刻的是君士坦丁皇帝的法令；第二个铜门是1950年所做，讲述的是圣·安布罗吉奥的生平；第三个铜门，也是最大的一扇，重达37吨，描绘的是圣母玛利亚的一生；第四个铜门是1950年制作，讲的是从德国皇帝菲德烈二世灭亡到莱尼亚诺战役期间米兰的历史；第五个铜门则是1965年完成，表现的是从圣·卡罗·波罗梅奥时代以来大教堂的历史。

这座大教堂长168米，宽59米，塔尖最高处达108.5米。拱形屋顶重达1.4万吨，由4根巨大圆柱和62根较小圆柱支撑。整个建筑由白色大理石构成，石材采自意大利12处采石场，用了许多人力物力运送而来。

教堂内部由高约26米的4排巨柱隔开，宏大开阔。中厅高约45米，内部比较幽暗。圣坛周围支撑着4根花岗石圆柱，每根高40米，直径达10米，外包大理石。所有的柱头上都有小龛，内置工艺精美的雕像，造型各异、千姿百态，展示着艺术的精粹。在横翼与中厅交叉处，拔高至65米多，上面是一个八角形采光亭。教堂内外共有人物雕像3159尊，其中2245尊是外侧雕刻；有96个巨大的妖魔和怪兽形的排水口，顶上有135个尖塔。教堂内柱子上雕刻的神像，好像是工匠的恶作剧，故意雕得参差不齐，而且雕刻的主角不是正襟危坐的神人，而是做弥撒的狼、对鸭子和鸡传道的狐狸，或者长着驴耳朵的神甫等，十分有趣。

教堂内幽暗肃穆而又祥和，身在其中，心灵不由得沉静下来。教堂两旁各有数间告解室。有许多著名的神甫，都选择这里为自己的安葬地。教堂大厅就供奉着15世纪时米兰大主教的遗体，头部是白银铸就，躯体是主教真身。

传说，在教堂的屋顶藏有一枚钉死耶稣的钉子，教徒们为纪念耶稣，每年都要取下钉子朝拜3天。为取送这枚钉子，当时著名科学家和

画家达·芬奇还发明了升降机。在大教堂内还有一个奇妙的"太阳钟"，其实，这不是真正的钟，是教堂屋顶上有一个小洞，每天中午阳光由小洞射入，正好落在地上固定着的一根金属嵌条上，所以就被称为"太阳钟"。雕刻的玫瑰花形饰物如珠宝般散布在地板上。在教堂内共有4座大型管风琴，回荡在宏大宽阔的教堂内，悠扬悦耳，雄浑有力，大堂显得更加空旷神圣。

　　大厅两侧有26扇玫瑰形状的巨大而精美的玻璃窗，全部用五彩玻璃拼缀，奢华富丽，色彩鲜艳。每一扇窗都有30多个画面，绘制着圣经故事。有人评价大教堂的窗子是"傻子的圣经"，因为它以象征和隐喻的语言说出了基督的基本精神。正中的太阳光彩图案寓意正义和仁爱。玫瑰形的窗子就像意大利著名的诗人但丁的诗中所说："玫瑰象征着极乐的灵魂，在上帝身旁放出不断的芬芳，歌颂上帝。"射入室内的七彩光线，五彩斑斓、光影闪烁，使得米兰大教堂充满了幽玄的神秘色彩，渲染着浓烈的宗教氛围，有一种强烈的视觉冲击力。

　　由教堂大厅的电梯，可直达教堂的屋顶。那里可说是别有洞天，像是到了石笋的迷宫。只见一大片的尖塔丛林，多不胜数，恢弘壮观，令人震撼。教堂的135座云石塔尖、2 245座云石雕塑，大部分都汇集在此，是教堂的精华所在。大教堂之所以耗费了5个世纪之久的时间，主要是用在屋顶细致的装饰及雕刻上了。丛林中，最引人注目的是中央高达108米的尖塔，是15世纪意大利建筑巨匠伯鲁诺列斯基雕刻的。而尖塔顶端的圣母玛利亚镀金雕像是整座建筑的象征。圣母身裹着闪闪发光的黄金制成的叶片，璀璨华丽，令人目眩神迷。它高为4.2米，重700多公斤，由3 900多片黄金包成。

　　在教堂顶端，除了可以欣赏教堂屋顶上雕塑之美，还可以四面八方俯瞰米兰全景，视野极佳。天气晴朗的时候，远处阿尔卑斯山脉的优美景色，也清晰可见。

　　米兰大教堂前是著名的大教堂广场。这里也是米兰市的中心。广场建于1862年。广场中央是意大利王国第一个国王维多利奥·埃玛努埃尔二世的青铜骑马像，雕像四周有无数的鸽子在悠闲地踱步，任人喂食、观赏，一派惬意和谐。广场右侧有一个瑰丽的黄色建筑，这是1778年建成的新古典主义建筑风格的王宫，现在已辟为当代艺术博物馆。离教堂不远，有一个全部用彩色玻璃顶棚覆盖的十字街口，称作埃玛努埃尔二世夜廊，它建造于公元19世纪中后期，全长196米、宽105米、高47米，是米兰的商业中心之一，这里有各种商店、书店、餐馆，到大教堂来的

>>> 米兰大教堂是意大利规模最大、最重要的哥特式教堂。

游客们可以在此休憩、进餐和购物，十分方便。

米兰在城市建设中，把商业与文化巧妙地结合在一起，周边的建筑物的高度都不许超过这座教堂。城市建筑与广场基调协调一致，更好地衬托着大教堂的美丽。

米兰大教堂是这座城市的象征与地标，屋顶135座尖塔，参差林立、精美绝伦，神奇而又壮丽，在阳光下灿烂夺目，令人叹为观止。被英国小说家劳伦斯形容成"带刺的教堂"。

品读札记

米兰大教堂旷时500年方才建成，它本以宏伟的哥特式为蓝

本，但经由不同年代、不同国家民族的建筑师的打造，融入了许多种的建筑要素，形成了自己独特的面貌，像是一部活的建筑美学史。高耸林立的尖顶充满了法国哥特式向上的动感；白色大理石又具有了罗马式的风范；细部精美的雕饰，又洋溢着意大利独有的浪漫奔放的激情。它充满奇迹、矛盾和集锦等特色，反映了时代的风格和品位。

KUAISUDUSHUFA

14世纪末15世纪初，西方逐渐出现了资本主义的萌芽，新兴的资产阶级为了摆脱封建制度的枷锁掀起了文艺复兴运动。他们提倡以人为中心的世界观，笼罩在欧洲基督教光环中的建筑也被赋予了表现人性情怀的新内容。

文艺复兴建筑是欧洲继哥特式建筑后出现的一种建筑风格。受文艺复兴思想的影响，此时的建筑扬弃了中世纪的哥特式建筑风格，而在宗教和世俗建筑上重新采用古希腊罗马时期的经典柱式、拱券、穹顶等构成要素。

文艺复兴运动于14世纪产生于意大利，后传播到欧洲各国。意大利的文艺复兴建筑，呈现空前繁荣的景象，著名的建筑有佛罗伦萨大教堂的穹顶和圣彼得大教堂。佛罗伦萨大教堂的穹顶是文艺复兴的起点，标志着新兴资产阶级对教会斗争的胜利。圣彼得大教堂是文艺复兴建筑中最高的建筑，教堂的气魄很宏大，它凝聚了米开朗基罗等文艺巨匠的心血。法国的枫丹白露宫庄严肃穆，将古希腊、古罗马、哥特式风格交融在一起，体现了一种阳刚之美。意大利的育婴院、圣玛利亚大教堂，法国的商堡府邸，西班牙的太子宫等都是文艺复兴建筑的著名代表。

文艺复兴时期的建筑类型、建筑形制、建筑形式都比以前增多了。建筑师在创作中既体现统一的时代风格，又十分重视表现自己的艺术个性。布鲁内列斯基、米开朗基罗、拉斐尔、布瑞顿等都是此时著名的建筑师。

品读

快速读书法

◎ 第 四 章

文艺复兴建筑

（公元 14—16 世纪末）

1 文艺复兴的春雷
>>> 佛罗伦萨大教堂

👤 人文地图

佛罗伦萨大教堂是意大利佛罗伦萨标志性的建筑，其高耸的穹顶雄伟壮观、直入蓝天，为整个城市轮廓线的中心，也是意大利文艺复兴建筑的起点。它是新兴的资产阶级精神的象征，显现了文艺复兴建筑的独创风格。

🔍 品读要点

佛罗伦萨大教堂，又称玛利亚教堂，是意大利著名的大教堂，为意大利文艺复兴时期建筑的瑰宝。从14世纪与15世纪之交开始，随着西欧生产技术与自然科学的进步，资本主义开始萌芽，由市民阶层蜕变而出的资产阶级迅速崛起，兴起了一场与封建制度在宗教、政治、思想和文化诸领域进行较量的巨大变革，被称为"文艺复兴"。此时，西罗马帝国早在公元476年已经灭亡，东罗马帝国也在1453年被信奉伊斯兰教的奥斯曼土耳其帝国灭亡，君士坦丁堡沦陷。城陷之际，基督教徒们抱着希腊残存的文物，纷纷逃往西方。东罗马帝国灭亡时所救出的手抄本，废墟中发掘出来的古代雕刻等古典文物向西欧展示了一个令人惊讶的新世界——古代的希腊。在它的光辉的形象面前，中世纪的幽灵消失了，意大利出现了前所未有的艺术繁荣，好像是古典时期的再现。这些带着浓重的古希腊和古罗马气息的文书、古物和艺术珍品，使久违了古代文化、几百年来一直生活在哥特禁欲主义文化氛围中的欧洲新兴资产阶级，在还来不及创造出自己成熟的文化形式的情况下，及时地找到了新的思想武器和思想形式。他们高举

>>> 从观景台看佛罗伦萨，可见大教堂的穹顶。

起古典人文主义文化的旗帜，穿着古人的服装，向代表封建思想的禁欲主义神学展开了一场激烈的斗争，人和人性被重新发现，这便是文艺复兴运动的思想实质。

文艺复兴运动从意大利开始，随后席卷全欧。被称为中世纪最后一位、文艺复兴第一位的大诗人但丁的《神曲》，还有薄伽丘的《十日谈》，是文艺复兴思想在文学上的最初表现。在建筑上，其表现就是利用古代希腊罗马神庙等"异端"形式，创造出教堂新风格，以取代宗教味特别浓重的哥特式教堂。意大利佛罗伦萨大教堂，就是文艺复兴运动高潮到来以前的第一声春雷。

佛罗伦萨建于公元前59年，是罗马帝国连接罗马和意大利北部的交通要道。1125年佛罗伦萨由于打败了神圣罗马帝国皇帝海因利四世率领的军队，成为一个自治城市，从此进入了飞跃发展的阶段。从13世纪末开始，发达的毛纺织业和银行业不仅使佛罗伦萨成为西欧的经济中心，也使佛罗伦萨成为"文艺复兴"的摇篮。

1293年，佛罗伦萨市内行会纷纷起义，贵族权力受到排斥。为了纪念这场平民斗争的胜利，佛罗伦萨市政当局决定兴建一座大教堂，以表彰市民的力量与财富。设计任务委托给一位著名的建筑师坎皮奥，市政当局在写给他的信中说："您将建立人类技艺所能想象的最宏伟、最壮丽的大厦。"

大教堂的设计很有创造性，平面大体还是拉丁十字式的，但东部却是一个以穹顶为中心的集中式的形体。穹顶是八边形的，最大直径42.2米，比罗马的万神庙只小了不到7米。但是，主教堂大部分建造完毕之后，那个八边形的顶盖却造不起来，它不但直径大，而且墙高已经达到50米，连脚手架的架设都是很艰巨的工程。

耽搁了几十年之后，15世纪初，布鲁内列斯基着手研究这个顶盖。瓦萨里在《意大利画家、雕刻家和建筑家传记》里说："当人间已经这么久没有一个能工巧匠和非凡天才之后，菲利波（即布鲁内列斯基）注定要给世界献上最伟大和最崇高的建筑，超迈古今，这是天意。"

布鲁内列斯基出身于手工业工匠，钻研了当时先进的科学特别是机械学，精通机械、铸工，在透视学和数学等方面都有建树，在雕刻和工艺美术上有很深的造诣。经过刻苦努力，他掌握了古罗马、拜占庭和哥特式的建筑结构。为了设计穹顶，他在罗马逗留几年，潜心钻研古代的拱券技术，测绘古代遗迹。回到佛罗伦萨后，做了穹顶和脚手架的模型，制定了详细的结构和施工方案。1420年，在佛罗伦萨政府召集的有法国、英国、西班牙和日耳曼建筑师参加的会议上，他获得了这项工程的委任。同年动工兴建，1431年完成了穹顶，接着建造顶上的采光亭。

连同采光亭和下部的鼓座在内，穹顶总高107米，成了整个城市轮廓线的中心，即便在今天，这个高度也是一幢超高层的建筑，足以成为一个城市的标志性建筑物。在当时，这是建筑历史上的一次大幅度的进步，标志着文艺复兴时期创造者的英风豪气。

　　佛罗伦萨大教堂的穹顶被认为是新时代的第一朵报春花。1446年布鲁内列斯基去世，佛罗伦萨全城哀悼，把他就葬在这座教堂里，墓志铭写道："厥功至伟，溘然长睡；逝者安详，重建天堂。"赞扬他的艺术才能在天堂都能一显身手。

　　穹顶呈尖矢形而不是半圆，本身高40.5米，大于半径将近一倍。布鲁内列斯基自己只说是为了减小穹顶的侧推力，其实，更重要的显然是为了创造一个崭新的建筑形象。他借鉴了拜占庭的经验，在穹顶之下加了一段高达12米的鼓座，虽然这有违他的初衷，很不利于抵抗侧推力，却能把穹顶举得更高。古罗马的大师们建造过不少穹顶，有的很大，形成十分宏伟的内部空间，但是，他们一直没有能塑造出使穹顶富有表现力的外部形象。或许是因为技术原因，或许是因为还没有发现穹顶外部造型的潜在可能性，古罗马的穹顶外观都显得扁平，而拜占庭的集中式教堂和后来的伊斯兰清真寺这时候已经用鼓座把穹顶托举出来，而且外廓渐趋饱满。在此影响之下，布鲁内列斯基为穹顶的表现作了探索，不仅加了这段鼓座，又采用哥特式的尖矢形把穹顶向上拉高。他获得了饱满的、充盈着张力的穹顶，成了大教堂构图的中心，高高耸向天际。这是个崭新的富有纪念碑气质的形象。

　　这种穹顶结构在此之后几乎风靡文艺复兴时期所建的所有教堂。穹顶下面的鼓座和外墙由黑、绿和粉红色条纹大理石砌成，稳重而典雅。在外墙的周边又建有半穹顶，与主穹顶形成呼应。大教堂外观比例协调，色彩对比恰到好处，水平与垂直划分相映衬，给人一种简洁明快、稳重端庄的美感。

　　佛罗伦萨大教堂不仅以其建筑闻名，而且也是一座藏有许多文艺复兴时期艺术珍品的博物馆。收藏的珍品中有意大利雕刻家道纳太罗的作品《先知者》雕像，这是道纳太罗于1423—1425年在大教堂的钟楼凹龛上雕刻的大理石像。先知的头光秃着，虽其貌不扬却极富智慧。他略微低头，似乎在向观众述说。大理石浮雕《唱歌的天使》是意大利雕刻家戴拉·罗比亚的作品，这是他于1453年在大教堂内唱诗席上雕刻的。几位天使身着大众服装，既无神圣光环又无背部翅膀。前面两位天使摊开赞美诗，互相搭肩正齐声高唱赞歌，其态度庄重但气氛亲切。意大利雕刻家狄·盘果约1420年在大教堂侧门上雕刻了《圣母

>>> 佛罗伦萨大教堂的一座石刻。

>>> 意大利佛罗伦萨主教堂。

升天图》。大教堂内陈列着各种绘画，其中有一幅1465年画的但丁像。许多画家在此学习人体的透视画法和各种姿势，其中有达·芬奇、米开朗基罗、布鲁内列斯基、但丁、马基雅弗利、伽利略等一代历史巨人。这些绘画被称为人体的百科全书。

大教堂同样有大理石外墙的是乔托设计的85米高的钟楼。它那些哥特式的高拱顶窗户，和白色、粉红色以及绿色大理石的装饰，显示它的设计出于对画笔的运用比对铅管的设计更高明的艺术家之手。登上钟楼，可饱览佛罗伦萨市区风光。

品读札记

　　大教堂建筑的精致程度和技术水平超过古罗马和拜占庭建筑，其穹顶被公认是意大利文艺复兴式建筑的第一个作品，体现了奋力进取的精神。

2 世界最大的天主教堂

>>> 圣彼得教堂

人文地图

　　圣彼得大教堂是世界上最大的天主教堂，是文艺复兴时期最优秀的艺术大师的心血和智慧的结晶。它气势宏伟高贵，装饰精美绝伦，堪称是意大利文艺复兴时代不朽的纪念碑。

品读要点

　　圣彼得大教堂是全世界最大的天主教堂，却位于世界上最小的国家梵蒂冈内。梵蒂冈可以说是一个国中之国，全部领地都在意大利罗马市市内。它是罗马天主教教皇的住所，面积仅44万平方米，大约只有一个城市公园那么大。圣彼得大教堂是梵蒂冈内的最高建筑，也是罗马天主教最重要的宗教圣地。它以基督耶稣的门徒彼得的名字命名。彼得在跟随耶稣前是一个渔民，后来跟着耶稣一起传教。当耶稣的门徒犹大出卖耶稣，引领人来追捕耶稣的时候，彼得出于一时的胆怯，三次不认主。这种胆怯行为给他的一生蒙上了巨大阴影，他一辈子都忏悔着自己的罪行。耶稣死后，彼得把整个生命都投注到耶稣留下的事业中，兢兢业

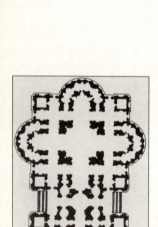

>>> 圣彼得教堂的平面图。

>>> 梵蒂冈圣彼得大教堂广场。

业，呕心沥血。他不辞辛苦，携众教徒从巴勒斯坦起程，西行万里，来到罗马传教，不幸被历史上著名的暴君尼禄所杀。临刑时，他留下遗言："我比不上我的老师，请让我倒着死。"于是，彼得就被倒钉在十字架上悲壮地死去了。为了纪念彼得，欧洲许多地方都为他设立了陵墓和教堂。公元4世纪，罗马的君士坦丁大帝在皈依基督教后，于公元325年在埋葬彼得的地方建立了一座名为圣彼得的小教堂。随着基督教势力日趋昌盛，16世纪，教皇尤里乌斯二世登基后，为了显示教廷的威势与力量，他决定拆除破旧的小教堂，在原址兴建一座宏伟壮丽、雄霸天下的新圣彼得教堂。教皇要求新教堂要摒弃已有的意大利哥特式，并要胜过所有异教徒的教堂。

教廷采取公开竞赛的方式选择设计方案，画家兼建筑家布拉曼特的巨型圆顶与希腊十字形叠合的设计方案以其构思的严密精巧、式样的独特壮观，获得了教廷的青睐。公元1506年大教堂开始动工，8年后教皇尤里乌斯二世就去世了，第二年布拉曼特也去世了。他只完成了教堂中央的奠基工作以及教堂的甬道拱门等局部。新教皇利奥十世命令拉斐尔接替布拉曼特成为工程的总设计师，并要求将原来方案的希腊十字形改为拉丁长十字形。圆顶被取消，引进了一些哥特式的设计。因工程量过大、西班牙人

侵、反赎罪券风潮以及拉斐尔去世，工程又放慢直至停顿了。1547年教皇保罗三世任命72岁的米开朗基罗为总工程师，米开朗基罗又恢复了原先布拉曼特设计的希腊正十字形式样，并作了一定的修正，把半球形大穹顶改为椭圆形，并精心设计了42米宽的中央大厅，四角有小穹顶衬托。但他也没有等到工程完工就去世了。之后，保罗三世将其未完成的工程委托给了卡诺·马德尔诺，他基本执行着米开朗基罗的方案，但在拱顶两边加了三个小堂，这使得整体效果大变。后来，贝尔尼尼又在马德尔诺的钟楼上添加了塔球。16世纪末，教皇保罗五世又下令在教堂正厅前边加建一个巴西利卡式的大厅。这样，整个建筑又改成了拉丁十字形。到1626年，旷日持久的重建工程终于最后完工，罗马教皇乌尔班主持了落成典礼。从16世纪初开始动工，大教堂历时100多年，前后约有20个教皇主持，包括拉斐尔、米开朗基罗、贝尔尼尼在内的10多位文艺复兴时期的著名艺术大师都先后参与了教堂的设计和装修工作。由于数次更换建筑师，完成后的建筑物与当初的设计已相距甚远。新建的大教堂规模宏大，气势雄伟，它高达138米，在1990年非洲建起一座超过它的天主教堂以前，它一直是世界上最大的天主教堂和世界最大圆顶建筑物，被公认为是意大利文艺复兴时期的艺术杰作。据说圣彼得就埋在这座教堂内，1940年，有发掘者声称，他们在圣坛下发现了彼得的遗骨。

>>> 圣彼得大教堂剖面图。

圣彼得大教堂的外观呈十字架造型，前后长、两侧短，长约200米，宽约130米，占地总面积为1.5万平方米 室内纵深183米。石构的外表雄浑而又精美，立面总高51米，采用的是科林斯柱式，从下到上依次为底座、壁柱、腰檐、顶楼、屋檐和雕像，顶部是采光亭，正中是一个穹隆大圆顶。从圆顶十字架到地面的高度达137米。立面的左右两角各有一座大钟，右边是格林尼治标准时间，左边是罗马时间。廊檐上方伫立着13尊石像，高为5.7米，中间手拿十字架的为耶稣。廊檐下，有一幅名为《小帆》的镶嵌画，是文艺复兴初期的名画家乔托所做，描绘的是耶稣门徒在小船上顶着风浪、颠簸前进的情景。画里面暴风雨猛烈地抽打着小船，船上的教徒有的神色恐惧，紧紧抓着船舷不放；有的镇静自若，坚定有力地划着船桨；有的双手合十虔诚地祈求上帝的保佑。他们都栩栩如生，形神兼备，生动地展现出最初传播基督教时的艰难情景。

　　大教堂有5座大门，每个大门都有雕刻精致的铜像及铁锁。平常只有两侧的小门供人群进出，居中的正门只有在重大的宗教节日，才能由教皇亲自开启。其他4门是圣事门、善恶门、死门及最右的圣门，圣门每隔25年才开放一次。在圣诞之夜，教皇带领教徒由此门走入圣堂，意为走入天堂。圣彼得大教堂左右两侧还有两尊巨大的石雕像，是罗马帝国的君士坦丁大帝和撒勒蒙尼大帝的雕像。

　　当人们步入教堂，在教堂正门靠左侧是贝尔尼尼雕塑的《圣小钵》，采用云田石雕刻而成，表现的是两个顽皮可爱的小天使各捧着一个贝壳状的圣小钵的情形，活泼生动，栩栩如生。

　　在教堂右拐角处摆放着米开朗基罗的名作《圣殇》，创作这座雕像的时候，他只有24岁。雕像展现的是圣母玛利亚抱着受难后的耶稣基督的情景。玛利亚双眼低垂，左手微微摊开，右手搂着遍体鳞伤的耶稣，无限疼惜、无限悲痛地凝视着自己亲爱的儿子。作者赋予圣母以凡胎肉体的人间母亲的形象和感情，她非常年轻美丽，神态宁静安详，只是在眼角、眉心和似乎颤动的手臂中流露着隐隐的哀伤。米开朗基罗将母亲失去儿子的悲痛与无奈和对上帝虔诚的信赖与顺从感在作品中刻画得淋漓尽致，洋溢着一种静谧而又圣洁的美，人们称其为整座教堂中最优雅的雕塑作品，是教堂的"镇山"之宝。这座圣母像与米开朗基罗以后创作的圣母像有很大区别。这是米开朗基罗所有作品中唯一亲自署名的作品。据说是因为有一天，米开朗基罗偶然听见两位前来参观的人在他创作的这座雕像前讨论这是谁的作品，他们把它归属到当时一位著名的艺术家名下。年轻气盛的米开朗基罗，冲动之下就把自己的名字刻在了圣母玛利亚胸前的饰带上。在这座雕塑前，总是挤满了参观的人。但自从1972年一个疯子用锤子砸了雕像之后，现在圣母像的外围用玻璃罩了起来。

　　在圣母玛利亚雕像的上方立有一座十字架，天花板上铺陈着一幅壁画，这是教堂内唯一直接画在天花板上的，其他所有的绘画都是用马赛克瓷砖绘制后再镶嵌完成的。

　　圣彼得大教堂入口门厅横向展开，内接纵向的中厅，至此，进入到圣彼得教堂的内部，这里简直就是一座金碧辉煌、

流光溢彩的艺术宝库。它气势恢弘，富丽堂皇，可容纳几万人。彩色的大理石墙面光滑锃亮，屋顶和四壁都饰有以《圣经》为题材的绘画和雕像。中厅高约46米，西端是一个圣坛，圣坛上方刻着两米多高金光闪烁的字母，人像更是高大至4到6米。在圣坛四角，由四个边长18米的墩座支承起一个巨大的穹顶。抬头仰望，就仿佛立于天穹之下，高旷而肃穆。这是由文艺复兴时期的著名艺术大师米开朗基罗设计的，是他晚年的建筑杰作。遗憾的是穹顶尚未完成，他就去世了，在其死后的第26年，才由其他建筑师建设完成。从教堂底乘电梯可升至穹顶。穹顶很大，直径有42.32米，周长71米，内部顶点高123.4米，可容纳10多个人站立。穹顶的十字架顶尖距地面高达137.8米，是罗马城的最高点。穹顶的四周内壁上饰有色泽鲜艳精美动人的镶壁画和玻璃窗。站在穹顶里，头上是天空中的太阳星辰，外面整个罗马城尽收眼底，人仿佛与浩渺的宇宙连为一体。这个大圆顶被公认为是人类历史上绝无仅有的不朽之作。

在大穹顶下方是圣彼得大教堂的主体部分。贝尔尼尼的杰作——青铜华盖就被置于米开朗基罗宏伟的穹顶之下，这是贝尔尼尼用了9年时间建造而成的巴洛克式建筑。在金色耀眼的光芒中，显得活泼而又不失庄严，如同有人评价所说，贝尔尼尼的作品最伟大的地方在于它总赋予空间以新的意义，他在创作中总是善于利用强烈的光源来帮助自己表达作品的主题，完善作品的内涵。这个巨大的青铜华盖高29米，用4根由黑色和金色装饰而成的螺旋形大铜柱支撑。柱上饰以金色的葡萄枝和桂枝，枝叶间攀附着无数小天使，许多只金色的蜜蜂点缀其间，金光闪烁。华盖四周金叶垂挂，波纹起伏，似随风飘舞。华盖之内有一只展翅飞翔的金鸽，光芒四射，耀人眼目。制造华盖所用的青铜是1633年从罗马万神庙的屋顶专门移来的。在华盖里面达·阿尔比诺于13世纪创作的镶嵌画更增添了高贵和华丽。

阿诺尔福·迪·坎比奥于13世纪创作的圣彼得青铜像屹立于四大巨柱下，走过他面前的人们都会亲吻他的右足而祈求得到圣人的庇佑，所以，他的右足更换了好几次，现在又已被磨得锃亮。

华盖下方是一座祭坛，点缀着大理石雕塑和黄金饰物，只有教皇本人才可以进入这座祭坛，向朝圣者做弥撒诵读。再下面就是圣彼得的陵墓，在坟墓的上方有着彩色玻璃做的鸽子。墓前放置的是由新古典主义雕刻家卡诺巴做的教皇庆典像。在陵墓前面栏杆上点着数十盏长明灯昼夜不灭，象征着基督教的光辉永不磨灭，也同时表示对圣

彼得的深深敬意。圣彼得大教堂里面有50座教宗的圣坛及册封圣者的雕像，跟许多其他的大教堂一样，雕像底下的地下室即安放着这些人物的遗体棺椁。这一带灯光摇曳，布幕低垂，更增加整个中殿的神秘而安静的宗教气氛。

在中殿的尽头，是被称为"巴洛克艺术之父"的天才雕塑家贝尔尼尼的另一杰作———件镀金的青铜宝座，被称为彼得宝座。它充分表现了贝尔尼尼丰富的想象力和天才的艺术直觉。宝座上方是光芒四射的荣耀龛及象牙雕饰的木椅，椅背上有两个小天使，手持开启天国的钥匙和教皇三重冠。传说这把木椅是圣彼得当年使用的坐椅，不过，历史学家的考证，认为是卡洛林王朝的查理二世登基受封时所使用的坐椅，9世纪由查理二世捐赠给圣彼得大教堂的。在其背后上方，是精美的"圣灵"像。

从这里转往右侧的长廊，首先映入眼帘的是罗马帝国利奥大帝的墓穴，以及贝尔尼尼的最后一件雕像亚历山大七世，当时贝尔尼尼已经80岁了，但仍然表现出令人惊叹的卓越的创造力。

这个长廊还摆设着许多其他的雕像，也是名作集萃。此外，长廊里还有告解室、忏悔室，可以举行小型的宗教仪式。

在大厅之中还有许多文艺复兴时期艺术家的壁画和雕刻，都是无与匹敌的艺术精品。如贝尔尼尼的雕刻代表作《圣德烈萨的祭坛》，是以被天主教会封为圣女的16世纪西班牙修女德烈萨为人物原型。圣女德烈萨面对一个小爱神模样的天使，天使手持金箭刺来，表现出一种强烈的灵与爱结合的精神。

>>>米开朗基罗（1475—1564年）是最有名的意大利文艺复兴画家之一。1508—1512年，他受命于罗马教皇尤里乌斯二世，为罗马的梵蒂冈西斯廷教堂的天花板画壁画。

圣彼得大教堂这项伟大的工程历时120多年才完成，这里不仅是绘画艺术的王国，也是建筑艺术的王国，是文艺复兴时期诸多艺术大师如米开朗基罗、拉斐尔、贝尔尼尼等共同完成的杰作，达到了极高的艺术水平。

圣彼得大教堂的左侧出口有一支卫兵队，守护着神圣的圣地。他们都是瑞士籍。本来梵蒂冈的警卫队由各国卫兵担当，但在一场战役里，其他国家卫士都只顾自己安危，只有瑞士籍警卫誓死保护教皇的安全，所以，从那以后梵蒂冈教廷的警卫工作只雇用瑞士籍的警卫。他们身穿的制服，据说

小贴士　布拉曼特（Bramante，1444—1514）：意大利文艺复兴时期的建筑师，其作品小圣堂常被视为完美的文艺复兴式建筑。他曾在罗马为新的圣彼得教堂提出了壮观希腊十字的原始兴建计划。

是米开朗基罗亲自设计的，手中的长矛也是15世纪的产品，500年没有改变过样式。

　　教堂前面是一座巨大的椭圆形广场，名为圣彼得广场，它是1655—1667年，贝尔尼尼受教皇之托，在教堂前加建的。圣彼得广场长340米，宽240米，是典型的巴洛克风格。广场两侧各有一组对称的弧形柱廊。柱廊共由284根巨大的圆形石柱组成，分成四排，柱高18米，各排巨柱分别在同一圆心的不同半径上。整个布局豪放，富有动感，光影效果强烈。柱廊的顶上是144座巴洛克风格的圣人和殉道者雕像，俯视着广场。两个展开的柱廊恰似两条张开的手臂，拥抱着所有来自世界各地的信徒，象征着基督博爱的胸怀。椭圆形的广场中心是一座高耸的埃及方尖碑，高为25米，在广场建造前就伫立于此。每逢重大节日，教皇就在这里举行弥撒。方尖碑两边各有一座14米高的喷泉，方尖碑和喷泉之间有一块嵌入地面的圆石板，站在这块石板上看柱廊，前后四排圆柱变成了一排，很是奇妙。

　　圣彼得广场可容纳50万人，是罗马教廷用来举行大型宗教活动的地方。它与大教堂原有的梯形广场合在一起，与后面的教堂连成一片，气势宏伟，景色极为壮丽。广场的设计是完全按照罗马天主教廷的要求，将富丽豪华的世俗化装饰纳入到宗教艺术中来。圣彼得广场是主体建筑与广场

>>> 圣彼得教堂，贝尔尼尼的双柱廊。

紧密结合的典范，其精美与气势都是同时代和后代同类建筑难以企及的。

品读札记

圣彼得大教堂规模宏伟巨大，装饰精美华丽，其巧妙繁复令人目不暇接。它朴实文雅的外形，与内部金碧辉煌的璀璨形成鲜明的对比，遍及堂顶、墙壁、石柱的浮雕与雕像及色彩斑斓的图案令人眼花缭乱。其辉煌与壮观绽放出咄咄逼人的耀眼光芒。

3 俄罗斯灵魂的见证
>>> 克里姆林宫

人文地图

一个俄罗斯谚语这样形容雄伟庄严的克里姆林宫："莫斯科大地上，唯见克里姆林宫高耸；克里姆林宫上，唯见遥遥苍穹。"克里姆林宫是世俗和宗教的文化遗产，它既是政治中心，又是14到17世纪俄罗斯东正教的活动中心。在克里姆林宫内保存着具有俄罗斯民族风格的教堂与宫殿建筑。

品读要点

曾引起世人无限尊崇的克里姆林宫，巍然矗立于红场上已800多年。克里姆林宫是建于公元11—17世纪的宏伟建筑群，它曾是历代沙皇的皇宫，是沙皇俄国和世俗权力的象征，在历史上曾发挥防御功能，是宗教和政治活动中心。

1156年，尤里·多尔格鲁基大公在莫斯科河的弯处建立了一座小村庄，并用松木修建了防护栏，以抵御外敌。此后，它亦遭受过侵袭，但这座新兴的城市经受住了考验并逐渐兴旺起来。

1238年，俄罗斯各公国被金帐汗国征服，莫斯科成为蒙古帝国入侵的牺牲品。克里姆林宫遭到严重破坏，但很快获得重建。在伊万的统治下，莫斯科大公国于14世纪初建立。克里姆林宫成为公侯的住地和宗教中心。其木制围栅在14世纪末被石墙取代，到15世纪末，砖墙又取代了石墙。到了14世纪中叶，已有3万多贵族、商人和手工艺人生活在其已增扩的城墙之内。又经历百年沧桑，伊凡三世于1480年结束了蒙古帝国达3个世纪的统治，并努力实现俄国的统一。他娶拜占庭末代皇帝的侄女为后，并称莫斯科为"第三个罗马"。他召集俄罗斯和意大利最优秀的建筑师和艺术家，修建了由许多教堂和宫殿组成的建筑群，并用红石墙将它围起，城墙上还修建了许多庄严的塔楼。克里姆林宫建筑群是当时这一新的政教结合的反映。克里姆林宫由此而成为今日备受珍视的文化遗产。

>>> 伊凡大帝钟楼脚下的"钟王"。

公元15世纪，克里姆林宫东北侧被开辟成广场，作为贸易市场，即"红场"。近千年的俄国历史就是在这广场缔造的，莫斯科市民每逢动乱或欢庆，都自然而然向这里集合。数百年前，这里原是莫斯科的墟市，就某种意义而言，现在仍然如是。因为华丽的国营百货公司就沿着红场一边伸展过去，它即使不是全球最大，也是最长的百货公司。

广场尽头耸立着一幢光怪陆离的石建筑物，诡异离奇，世所罕见，这就是16世纪建的圣贝索教堂。它有一簇彩纹蒜头形圆顶，五颜六色，十分悦目，在夜间闪烁于灯光中，有如未经琢磨的宝石，更显得别具风情。这是暴君伊凡大帝（1440—1505年）为庆祝战胜鞑靼人而兴建的。他是历史上最残酷的一位暴君，曾于盛怒之下，将几百名叛变的火枪手绞毙、砍毙或炮烙。这位沙皇身高2米以上，膂力过人，曾经亲手砍掉几个脑袋。当时各国驻俄外交使节因拒绝参加他这种"消遣游戏"而得罪了他。

　　到了1672年彼得一世降生时，这一建筑群的突出地位得以确立。沙皇在金碧辉煌的圣母领报大教堂接受洗礼并举行婚礼仪式，在庄严宏伟的圣母升天大教堂举行加冕典礼，在银顶的大天使米迦勒大教堂举行葬礼，沙皇家族成员居住在华美的特里姆宫，又在装饰华丽的法西茨宫接见贵族和各界要人。

　　皇家成员四周居住着数千名朝臣、艺术家、军人和教士，他们在其他宫殿、教堂、修道院、训练场、兵工厂和作坊里完成各自的职责或阴谋。所有这一切都发生在这个26万平方米的建筑群之内。

　　随着1703年政治权力向圣彼得堡的转移，克里姆林宫继续保持了宗教中心的地位。在20世纪初，赤卫队与忠于沙皇的官兵在争夺克里姆林宫战役中，血溅广场鹅卵石上者数以千计。当1918年莫斯科再次成为首都后，克里姆林宫重新成为苏维埃政权政府部门的所在地。此后克里姆林宫统治着苏联。由上可见，从13世纪到圣彼得堡的建立期间以及在20世纪里，克里姆林宫都与俄罗斯历史上所发生的所有重大事件直接而实在地联系在一起。

　　对于许多人来说，克里姆林宫是虚饰的外表和高尚的精神的结合体，它反映的正是俄罗斯本身，在其庄严的城墙之内所包含的"既是一部完整的俄罗斯民族史诗，又是俄罗斯人灵魂世界曲折变化的真实写照"。

　　克里姆林宫有"城垒"或"内城"的意思，俄罗斯的一些大城市都有古老的"克里姆林"。但从1547年后只有在莫斯科的城堡才称"克里姆林"。克里姆林宫由三面围墙环绕呈三角形，墙体总长度2.2千米，高达18.3米。主入口是面朝红场的斯拉斯基门。

　　克里姆林宫首先浮现在人们眼前的是高高的围墙及围墙上的20座塔形建筑，其中最漂亮的一个塔叫斯巴斯基塔，塔尖上镶有红色五角星，下面是一座直径为6米的大钟，钟的字盘用黄金铸成，每15分钟报时一次，12点整时鸣奏进行曲。

　　宫内雄伟建筑包括寺院教堂、皇宫、钟楼及办公大楼。4座教堂围绕在宫内广场四周，这四座教堂是：12使徒堂、圣母升天堂、天使报喜堂及圣弥额尔堂。但最美的教堂要数瓦西里·伯拉仁内教堂。它是伊凡四世时所建，由9座高塔组成，其中最高的方形塔高达17米。

　　天使报喜堂，沙皇在此受洗礼与行大婚礼；圣母升天堂，沙皇在

>>> 列宁墓前的卫兵换班。列宁墓位于克里姆林宫宫墙正前方。

此行加冕礼；圣弥额尔堂，多数帝王埋葬于此。这些教堂约建于16世纪哥伦布航海到美洲时，是俄国与意大利建筑师综合意大利文艺复兴风格与俄国东正教精神的杰出作品。1812年法军侵入，这4座教堂都备遭破坏。圣母升天堂破坏得最厉害。拿破仑在等待俄国人投降时，曾用它做马房。后来这些教堂都妥为修葺，恢复旧观。各教堂的壁上几乎到处都点缀着细工镶嵌的壁饰，挂着用红宝石及黄金做框架的神像。教堂里色彩缤纷，琳琅满目，只是没有礼拜者与僧侣的圣歌声。

克里姆林宫内，还有其他美轮美奂的宫殿，但不经常开放。泰云宫就是其中之一，中古时代每值沙皇选后时，就征召最美丽的贵族名媛淑女住在此宫。寝室和浴室的墙后建有蜂窝似的秘道，墙上满布窥孔以便沙皇仔细挑选佳丽。

克里姆林宫的各座宫殿，以凯瑟琳女王于18世纪兴建的土黄色元老会议宫最重要。它现在是俄罗斯政府的神经中枢，游客根本不能走近这座宫，来访的外国贵宾和撰写特稿的作家，则可能获准参观三楼的列宁起居室。室内各物均妥为保存，文

件、书籍、床褥、衣服，一一按照他离去时的情景布置，案头日历翻到1924年1月21日，他去世之日。最刺目的便是室内简陋破旧得很，而几米外，军械库中尽是金银珠宝。

>>> 宽敞的红场，高大的教堂，构成了莫斯科红场雄浑的气势。

高达81米的伊凡大帝钟楼是1600年由鲍里斯·戈东诺夫沙里提出建造的，它也是一座瞭望塔，可以俯瞰方圆32千米的地方。在它的脚下有一座"钟王"，是世界最大的钟，铸于18世纪30年代，重量超过203吨。附近还有一尊庞然大物——"炮王"，其口径为89厘米，造于1586年，重量达40.6吨。用多棱白石砌成的多棱宫建成于1491年，宫内俄皇的朝觐大厅规模宏伟、装饰华美。报孝教堂重建于16世纪60年代，因为它整个屋顶都镀了金，所以当时被称为"金色拱顶"。

克里姆林宫的主体宫殿大克里姆林宫，竣工于1849年，尔后成了最高苏维埃举行会议的地方。在克里姆林宫举行党代会的大会堂建于1961年，它造在地下，以免影响那些古老建筑的美观。

克里姆林宫不仅是世界建筑史上的杰作之一，而且还是一座大博物馆和艺术殿堂。几百年来皇家收集的珍宝在武器库中展出，其中有武器、盔甲、皇冠，王室宝器包括豪华的御座、珠宝、官礼服、马车，小巧玲珑的鼻烟盒以及法贝热的复活节蛋。这里的皇冠、神像、十字架、盔甲、礼服和餐具无不镶满宝石。仅福音书封面就嵌有26公斤黄金以及无数的宝石。哥登诺大帝的金御座上镶有2000颗宝石。四座教堂中也收藏着无数文物珍宝，圣母升天堂内的圣画像出自君士坦丁堡的希腊画家

手笔，教堂中挂满了用黄金做架的圣画像。17世纪50年代建成的东正教教长官，现在是17世纪俄国文化艺术的博物馆。

品读札记

由俄罗斯和外国建筑家于14世纪到17世纪共同修建的克里姆林宫，作为沙皇的住宅和宗教中心，与13世纪以来俄罗斯所有最重要的历史事件和政治事件密不可分。克里姆林宫内包括了具有独特的建筑艺术和造型艺术的建筑经典。在许多时期，克里姆林宫对俄罗斯建筑艺术的发展产生了决定性的影响。克里姆林宫通过其空间布局、建筑主体及其附属建筑为沙皇时代的俄罗斯文化提供了独特的见证。

4 法国的建筑博物馆
>>> 枫丹白露宫

人文地图

枫丹白露宫建在一片浩大而苍翠的森林中，它历经法国几代王朝的修建，豪华精美、金碧辉煌，是文艺复兴时期的风格和法国传统艺术完美融合的产物，堪称为塞纳河源头一颗璀璨夺目的明珠。

品读要点

枫丹白露宫是法国最大的城堡之一，是法国著名的历史建筑。"枫丹白露"在法语中的意思是"蓝色的泉水"，因该地有一眼八角小泉，泉水清澈剔透，因此得名。1137年，路易六世在泉边修建了一座

小贴士　展廊：建筑内墙上方的楼层，挑至侧廊上方。也指大厦或宫殿中用以娱乐并有时展示绘画的长形房间。

城堡，以供他在附近的森林打猎休息时用。"枫丹白露"以其清静幽雅的环境、秀美迷人的景色，博得了法国君主们的喜爱。1528年弗朗斯瓦一世对"枫丹白露"进行了全面的整修和扩建，使其规模日渐扩大。此后，亨利二世、亨利四世、路易十四、路易十五、路易十六和拿破仑等历代君主都根据自己的需要和喜好，进行了改建、扩建和装修。"枫丹白露"从一个狩猎别庄，发展到"枫丹白露"小镇，规模日趋宏大，景色也越来越豪华富丽。现在城内还保存着从16世纪文艺复兴时期至拿破仑帝政时代的装饰品和家具用品，颇具风味。法国王室举行婚丧大典常选在此地。菲利普·勒贝尔、弗朗斯瓦二世、亨利三世及路易十三都出生在这里。在法国历史上，许多重大事件也都发生在此地。路易十四于1685年在此撤销了南特赦令，由此而激起了胡格诺教徒的反抗。

　　拿破仑尤其喜欢枫丹白露，称它为"世纪之宫"。因为这

>>> 再没有什么比枫丹白露宫更能显示法国绝对君权在中世纪之后的复苏和壮大，它如同一个美丽的信号，揭开了君权统治下的法国古典主义浪潮。枫丹白露宫原本是一座恬淡的猎庄。

座宫殿虽然比不上凡尔赛的宏伟，卢浮宫的广袤，但却淡雅大方，给人以静谧温馨的感觉。历代留下的庭院、花园、小湖、深林，无不让人心旷神怡。拿破仑把原来的国王大卧室改为御座厅。厅内整个墙壁和天花板用红、黄、绿三种色调的金叶粉饰，地板用萨伏纳毯覆盖，一盏镀金水晶大吊灯晶莹夺目，其装饰可谓集数百年之大成，显示出富丽豪华的皇家气派。但在小卧室内，却摆着一张行军床似的普通床铺，以便拿破仑作战回来小住几天，真是不改马上天子的行伍本色。

这位历史上叱咤风云，征战世界的英雄人物，许多重大的人生场面是在枫丹白露宫经历的。1804年拿破仑在此召见了罗马教皇庇护七世，由他为自己举行加冕典礼。这在历史上是史无前例的。因为在此之前，即使是赫赫有名的查理曼大帝也是自己亲赴罗马，在那接受教皇加冕的。而今教皇却屈尊下就，到法国来为拿破仑加冕，可见拿破仑的权倾一切、睥睨天下之势。但历史有时也是很戏剧化的。就在10年后，见证了拿破仑无上荣光的枫丹白露宫也同样铭记了悲怆的一幕。1814年拿破仑在莱比锡一战中被俄普奥联军一举击败溃不成军，在枫丹白露宫被迫签下退位诏书，开始了他的流亡生涯。如今枫丹白露仍保留当年签约时所在的退位厅和最后一次检阅私人卫队的诀别广场——白马广场。

经历了数百年王室繁华兴衰的枫丹白露宫，在近代也和法兰西一样历尽磨难。第二次世界大战期间，希特勒的总参谋长勃劳契把指挥部设于此地。希特勒本人也曾耀武扬威地在枫丹白露宫大摆"庆功宴"，庆祝自己的胜利。1944年8月，巴顿将军领导的联军终于赶走了德国人，这里成为了盟军司令部。

此后，北大西洋公约组织也以此作为基地，直到1965年在戴高乐将军的坚持下，才从这座宫殿中撤离。至今宫墙外还残留有"北大西洋公约组织"标记。

现在，这片金碧辉煌的宫苑和它四周的园林，已成为法国著名的历史古迹和游览胜地，每年还在此举行几次传统的民间节日活动。枫丹白露宫正以它特有的魅力迎接着来自世界各地的游人。

枫丹白露宫位于法国巴黎东南70千米的郊外，这里是塞纳河的源头，周围是面积达200平方千米的森林，枫丹白露宫就坐落在这个美丽青翠的丛林当中。它最初是供国王行猎用的别宫。自路易十四时起，枫丹白露宫一直是法国王朝的驻地。公元16世纪，弗朗斯瓦一世在意

>>> 枫丹白露的宫殿和
园林。

大利征战时，为文艺复兴艺术所倾倒，他就想在法国自己的土地上造就一个"新罗马城"，于是，他选定了枫丹白露宫作为理想的实践地。他专门从意大利请来一批艺术家和能工巧匠和法国的工匠一起对枫丹白露宫进行了大规模的扩建改造。法国建筑家完成了宫殿的外部工程之后，由意大利艺术家进行内部装修。其中以意大利画家罗索和普利马蒂乔为首的艺术家们形成了枫丹白露画派，这个画派实际上是法意两国艺术水乳交融的结晶。这样，法国与意大利两国文化交汇融合、雕刻与油画艺术完美结合，形成了枫丹白露的独特气质，是文艺复兴与法国传统的完美结合体。

此后，亨利四世也曾费巨资进行进一步的修饰，使它达到了空前鼎盛时期。艺术家们又从荷兰与佛兰德斯的浪漫主义美术中吸取营养，形成第二期枫丹白露画派。

公元1804年拿破仑称帝后长期以枫丹白露为居所，并加建了极富诗情画意的英国式庭园。枫丹白露宫经过几百年各朝帝王苦心孤诣的经营，包含了16世纪到19世纪各个风格的样貌，展示出中世纪、文艺复兴、帝政时期等不同时期的特点，被世人誉为"法国的建筑博物馆"。拿破仑曾赞叹枫丹白露宫为"诸王梦寐以求之居城"。

"枫丹白露"现存的建筑有13世纪路易时期的一座封主城

堡、6朝国王修建的王府、5个不等形的院落和4座代表4个时代特色的花园。

枫丹白露宫的正门在南面，进入枫丹白露宫镶着金色图案的铁栅栏大门，是一个广阔的方形庭院，铺着四大块绿毯似的草坪，三面被蓝顶白墙的建筑物围住。正面宫前一座马蹄形状的楼梯台阶直通二楼正门，这个造型是受到米开朗基罗的一个广场设计的启发而建成的，两座灰色的台阶对称地向外展开成弧形，蜿蜒而上。阶梯顶端有一个平台，已成为枫丹白露宫的广场的主席台，气势威严。1814年，拿破仑就曾站在这里向他的卫兵发表逃亡前的最后演讲。这位昔日南征北战，把法兰西第一帝国的旗帜插到欧亚非三大洲土地上的风云人物，在一片"皇帝万岁"的悲壮送别声中，怆然登上了前往流放地厄尔巴岛的旅程。

枫丹白露宫主体建筑是几个相接的庭院，庭院之间由拱形的门洞相连。走进正门就是告别宫，也叫白马宫。据说，拿破仑迎接皇后约瑟芬入宫时，庭院里御林军白马队列阵欢迎，场面十分壮观，所以这个小广场便被称为"白马庭院"。后来拿破仑兵败退位，也是在这里和列队的部下官兵挥泪告别，所以此院又叫"别离庭院"。一院两名，记录了一代天骄拿破仑的兴衰荣辱。

庭院东面是美术陈列馆和椭圆形宫，北面是亲王宫。它们都围绕着一个椭圆形的庭院，庭院西面伸出一个长廊，即著名的弗朗斯瓦一世画廊。此外，还有教堂和官员们的办公处。

>>> 枫丹白露宫内景。墙上挂满了诸多名贵的油画。

宫后深处，是狄安娜花园。一边是风格自然的英式花园，另一边则是整齐的法式花园。英式花园有3公顷大，里面水道纵横、树木错结，小径蜿蜒曲折，充满无拘无束、自由自在的美感。而法式花园则芳草如茵、繁华似锦，周围的矮树都修成尖尖的圆锥形，整齐有致，花园中心是一个方形的喷泉池，飞花碎玉，晶莹璀璨，池中几条石雕狗蹲在那儿好像保卫着上面的狩猎女神狄安娜。在花园中还有一个清澈的水塘，常见天鹅戏水，双双浮游的甜蜜景象，便被命名为"爱情湖"。

宫殿的另一侧，有个玉泉院。这里临一座小湖，叫鲤鱼塘。湖中建了一座淡黄色的八角亭。据说，当年拿破仑游园之余，常在这里小憩进膳。

穿过法式花园上几步台阶，就可以看到水波荡漾、波光粼粼的运河。枫丹白露宫金碧辉煌的宫苑建筑与苍翠碧绿的森林交相辉映，和谐统一，宁静优美，共同构建出一处人间的盛景。

枫丹白露宫的建筑外部设计由法国的建筑师承担，仍保持着传统的法国风格。庭院简朴端庄，墙上的壁柱、屋顶的天窗都为典型的法国特色。内部装饰则主要由意大利的著名画家普利马蒂乔和雕塑家切利尼等人完成，体现出浓郁的意大利文艺复兴的风格。宫内的墙壁四周和天花板上布满了各式各样的宗教和世俗的油画。细木护壁、石膏浮雕和壁画相结合的装饰艺术，形成了枫丹白露的独特风格。著名的弗朗斯瓦一世廊殿就是典型的一例。它的下半部贴着一圈2米高的金黄色细木雕刻做护壁，上半部以明快的仿大理石人物浮雕烘托着一幅幅带有文艺复兴风格的精美壁画，显得既辉煌又典雅。宫中还有一座舞厅也十分气派，豪华中又有一种清新之感。护壁和天花板主调是金黄色。十余根粗壮的方墩柱也成了装饰品，不仅有许多浮雕，而且每根柱子上都嵌进了好几幅油画。当年帝王和王室贵族们便是在这里翩翩起舞、尽情欢乐的。身临此地，似乎还能听到宽松的长裙随舞步沙沙作响，绸缎舞鞋在细木地板上轻盈踏步，音乐声飘出窗外，和夜间树林的声音混成一组清幽的乐曲。

枫丹白露最吸引人的地方应该是它丰富的典藏，是座名不虚传的艺术宝库。由弗朗斯瓦一世所收藏的大量珍品中，就有拉斐尔的《神圣家族》等。在枫丹白露舞厅中珍藏的50幅油画和8组壁画装饰、蒂亚长廊内9幅描述法国历史的壁画、会议厅中满墙的蓝色与玫瑰色彩画、碟子廊内所镶嵌的128只细瓷画碟、王后游艺室内相间的雕刻与油画、国王卫队厅的雕梁画栋与仿皮革墙饰、华贵富丽的王后卧室等等，都那样引人入胜。

>>> 弗朗斯瓦一世长廊，普利马蒂乔等人在公元1530年负责装潢。

人们在枫丹白露还可以看到中国明清时期的名画与香炉、牙雕和玉雕以及各种金玉首饰，东方文化艺术瑰宝在这里大放光彩。在这些艺术珍品中，就有1860年法军从北京掠去的珍宝。所有这些，都珍藏在枫丹白露的中国馆中，它由拿破仑三世时期的欧仁尼王后兴建。

在枫丹白露宫周围有面积为1.7万公顷的森林。这里过去是王家打猎、野餐和娱乐的场所。以许多圆形空地为核心，呈星

形的林间小路向四面八方散开，纵横交错。圆形空地往往建有十字架，其中最著名的是圣·埃朗十字架，法国国王习惯到那里欢迎贵宾。森林中橡树、柏树、白桦、山毛榉等葱绿苍翠，浓阴四覆，是避暑度假的好地方。

 品读札记

枫丹白露宫，在林深木秀、优美迷人的林海中若隐若现，清雅绝俗，如同一个绮丽清灵的梦幻。那里古树蔓蔓，青草青青，空气清新甜润，幽幽诉说着昔日的辉煌和璀璨。

5 优美的田园诗篇 >>> 圆厅别墅

人文地图

圆厅别墅是意大利文艺复兴时期的著名建筑。自建成以来对世界各地的建筑都产生了深远的影响。作品中体现出的完整鲜明、和谐对称的建筑形制，优美典雅的建筑风格，就像是一首优美动人的田园曲，散发出宁静雅致的美感，为后世建筑确立了光辉的典范，吸引了众多建筑师追随效仿。

>>> 主从分明（圆厅别墅）。

品读要点

圆厅别墅是16世纪意大利文艺复兴时期的著名建筑，由意大利著名的文艺复兴建筑大师帕拉第奥设计建造。文艺复兴的指导思想是人文主义，就是以人为本，肯定人的创造与享乐，

反对宗教禁欲，提倡人的解放。文艺复兴运动对文学、绘画、雕塑等各个艺术领域都产生了重大的影响。建筑的革新也是其中重要的组成部分。文艺复兴建筑打上了深刻的文艺复兴运动的烙印，它们排斥神权至上，重视现实生活，张扬人性的解放，涌现出大量现实生活使用的、具有浓厚世俗化气息的建筑，如别墅府邸、城市广场等，即使是宗教建筑也拉近了与人的距离。他们大力提倡古罗马时期的建筑形式，特别是古希腊、罗马的经典柱式、半圆形拱券、穹顶等被广泛采用。但他们并不是完全照搬过去，而是把古典形制与其他风格融合起来，灵活变通，大胆创新，并使用新的建筑技术，创造出文艺复兴时期独有的建筑特色。

帕拉第奥是意大利文艺复兴晚期的建筑大师，他深受意大利文艺复兴思潮的影响，是文艺复兴风格建筑的卓越代表。帕拉第奥对古典建筑充满兴趣，他曾对古罗马遗迹进行了深入细致的测绘与研究，从它们的布局规则中，发现了理想的范例，并对美的认识达到一个新的高度。帕拉第奥认为美是客观的、和谐统一的，并且是有规律可循的，他推崇双轴对称的格局，认为对称的比例关系，可以达到总体的协调，而"和谐"是实现美的基本要素。帕拉第奥可以说是古典风格的象征，建筑的整体形制与细部装饰都仿效着古希腊罗马的建筑，贯彻着严谨的理性精神和普遍的原则。但帕拉第奥并非泥古不化，而是发扬了人文主义的精神，灵活地使用古典形式，充满着人性的色彩，展现出文艺复兴时期建筑物的重要特质。

>>> 圆厅别墅平面图。

帕拉第奥通过潜心研究古代的经典建筑，总结了大量古典艺术的精华，在此基础上形成了一套完整的建筑理论。1570年，他出版了《建筑四论》，书中详细论述了古希腊、古罗马时期建筑的构图比例，展示了以标准尺寸为基础的完整的建筑体系。帕拉第奥强调了合乎理性秩序的古典美。他说，"美产生于各部分之间的协调，部分与部分之间的协调"，建筑应该是一个"完整的、完全的躯体"。该书在整个意大利文艺复兴建筑界（包括其他欧洲国家）十分流行，成为后世建筑师仿效的教科书。帕拉第奥很善于运用构图并给予理论阐述。这些理论以后成了古典主义的重要原则，帕拉第奥也就常被尊为古典主义的创始人。

帕拉第奥在建筑实践和理论著述上为后世留下了极为宝贵

小贴士　　门廊（Portico）：列柱廊式的门廊或门厅。在新古典式的住宅中，门廊（柱子和三角楣饰）常常融入建筑物正立面。

>>> 圆厅别墅。

和丰富的遗产，可谓影响深远。他在平面布局上，追求左右对称的几何形构图；在立面处理上，比起较为单纯的古希腊、古罗马建筑更为复杂，常分成上、中、下三段和左、中、右三段（或在水平三段间加连接体成五段）；无论在垂直或水平方向，都强调中段的统率作用，并使用带三角形山花的柱廊。他创造出被后人称之为"帕拉第奥母题"的建筑艺术，被后代很多建筑所效仿。他的立面中央开有一扇拱形窗或开口两侧各有一扇平顶窗的建筑形制在以后几百年的大型宅邸建筑中得到广泛使用。18世纪流行于英、美的"帕拉第奥主义"建筑就是以他的作品为蓝本。

　　帕拉第奥主要活动在意大利的维琴察和威尼斯，留下了许多优美的建筑物，其中最著名的就是圆厅别墅。

　　维琴察郊外的圆厅别墅是帕拉第奥的代表作之一。它位于一座小山丘上，四面辽阔，风景怡人。别墅一共有三层，别墅主体平面呈正方形，中间有个圆厅，因此得名。在中心大厅两旁，左右房间完全对称分列，形成典型的集中式平面。别墅四面的造型也非常一致，各有一个古代神庙式柱廊，由6根细长的爱奥尼柱式组成，它们顶着三角形山花，山花上有着细致的人物雕刻。柱廊前面是20级左右的台阶。抬高了主楼层，这原本是宗教建筑的样式，用在这里形成强烈的光影效果，增加了建筑的空间层

>>> 帕拉第奥设计的圆厅别墅。

次，并使得建筑从周围环境中凸显出来。

　　帕拉第奥在设计这座用于夏天居住的建筑物时，采用了古罗马万神殿的形制，并进行了颇有意义的改造。顶部中央的穹隆，在四面重复的神庙式柱廊衬托中和缓地拱出，打破了建筑形体的敦实与凝重。以它为中心环绕着坡度多变但层次分明的屋顶，统一和谐、稳定严谨。这使得极为对称方正的住宅结构，在保持古典的庄严宁静的风范之际，也不乏优美的变化和生动的效果。

　　沿着别墅门前的台阶，经过带山花的宽阔柱廊直接进入房屋的正厅。别墅的底层是粗面石工的半地下室，为杂物用房。二层正中是一个圆形大厅，以圆顶覆盖并高出屋面。四周对称分布着起居用房。

　　圆厅别墅达到了造型的高度协调，整座别墅由最基本的几何形体方、圆、三角形、圆柱体、球体等组成，简洁干净，构图严谨。各部分之间联系紧密，大小适度、主次分明、虚实结合，十分和谐妥帖，几条主要的水平线脚的交接，使各部呈现出有机性，绝无生硬之感。优美的神庙式柱廊，减弱了方形主体的单调和冷淡。帕拉第奥从古代典范中提炼出古典主义的精华，再把它们发扬光大，创造出一个世俗活动的理想地点，充分体现了他的灵活性与创造性。他的建筑结构严谨对称，风格

真正的美东西必须一方面跟自然一致，另一方面跟理想一致。

[德] 席勒

冷静，表现出逻辑性很强的理性主义处理手法。

圆厅别墅以雅洁的白色为主色调，用色素雅，衬托着头顶的蓝天白云，和旁边的茵茵碧草，带有一种"绚烂至极归于平淡"的淡然，透出矜持庄重、高雅安宁的气质。

但是圆厅别墅对于对称性和外部形式的过分追求，忽视了建筑内部的功能实现，使建筑的功用性能受到一定的影响。在圆厅别墅之后，别墅建筑大量产生，借鉴它的经验，从形式到功能都得到进一步的完善。帕拉第奥的建筑也给现代建筑带来很大启发，如柯布西耶的著名建筑萨伏伊别墅中就能找到圆厅别墅的影子。

品读札记

圆厅别墅是帕拉第奥的传世名宅，他从古希腊、古罗马建筑，引出古典美的建筑比例关系，发现了和谐的尺度，具有哲学的智慧。圆厅别墅对称和谐、风度高雅，具有令人赞叹的力度、比例和纯洁性，同时又具有丰富多变的灵活性，具有永恒的艺术魅力，成为后世纪建筑的典范。

>>> 圆厅别墅东立面。

随着政治经济的不断发展，建筑的风格和式样也在不断变化发展着。当建筑发展到17世纪时，其艺术风格形成了巴洛克和古典主义两种完全对立的建筑风格，到18世纪时又被洛可可建筑风格所代替。

巴洛克建筑源于意大利，后流传到欧洲各国。17世纪意大利天主教会具有了很强的经济势力，为了向朝圣者显示自己的富足，在教堂中创造一种神秘的气氛，他们修建了很多富丽堂皇、怪诞诡秘、具有巴洛克风格的教堂。这些教堂都追求不规则、不协调、虚幻与动荡的超现实感。他们通过非理性的组合来营造虚幻与动荡的氛围，通过富丽堂皇的装饰来营造脱离现实的感觉。追求不规则的空间感，是巴洛克建筑独有的审美趣味。巴洛克风格的建筑还影响到府邸和王宫等世俗的建筑。罗马的圣卡罗教堂是巴洛克建筑的代表。

古典主义建筑发端于法国，对欧洲其他国家的建筑产生了深远影响。法国的封建统治者为了炫耀自己的权威，在宫廷建筑、纪念性建筑和大型公共建筑中都大量运用了古罗马的经典柱式和构图，他们认为古罗马建筑的庄严宏大更能体现出封建王权。古典主义建筑具有浓厚的政治色彩。法国的凡尔赛宫、卢浮宫、巴黎荣军院，美国的国会大厦，英国伦敦的圣保罗大教堂是古典主义建筑的代表。

洛可可是继古典主义之后于18世纪出现于法国的建筑风格，它表露了法国上流社会的奢华。此时法国的封建王权统治已经没落，封建贵族开始追求闲散舒适的生活情调，修建了许多具有温柔和脂粉气息的建筑。这种具有脂粉气的洛可可建筑风格对欧洲其他国家的建筑产生了一定影响。法国凡尔赛宫的歌剧院和礼拜堂、苏必斯府邸的公主沙龙、德国的乌兹堡寝宫是这种建筑风格的代表。

◎ 第 五 章

巴洛克、古典主义建筑与洛可可建筑

（公元 14—16 世纪）

1 人类艺术的圣殿
>>> 卢浮宫

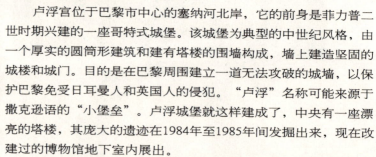人文地图

卢浮宫是欧洲面积最大、最壮丽的宫殿建筑，其风格雄伟庄严、和谐美观，充满磅礴浩荡的帝王气势。它也是当今世界上最大的美术博物馆，其藏品精美丰富，驰名寰宇，更有像维纳斯雕像、《蒙娜丽莎》这样的稀世之宝。这些艺术珍品连同卢浮宫本身成为人类文化史上最珍贵的财富之一。

品读要点

>>> 贝聿铭设计的卢浮宫的玻璃金字塔。

卢浮宫位于巴黎市中心的塞纳河北岸，它的前身是菲力普二世时期兴建的一座哥特式城堡。该城堡为典型的中世纪风格，由一个厚实的圆筒形建筑和建有塔楼的围墙构成，墙上建造坚固的城楼和城门。目的是在巴黎周围建立一道无法攻破的城墙，以保护巴黎免受日耳曼人和英国人的侵犯。"卢浮"名称可能来源于撒克逊语的"小堡垒"。卢浮城堡就这样建成了，中央有一座漂亮的塔楼，其庞大的遗迹在1984年至1985年间发掘出来，现在改建过的博物馆地下室内展出。

后来，菲利普二世用它来存放王室档案与珍宝。1360年，法国国王查理五世时，这座城堡又增建了图书馆，并成为当时的王宫。查理五世是一位文人国王，喜欢收藏珍本，他的图书馆里收藏有装饰着彩画的漂亮手抄本。

1546年，弗朗斯瓦一世下令拆除塔楼，并派建筑师按照意大利文艺复兴的建筑样式对卢浮宫进行改建，用以收藏他的美术珍

小贴士

洛可可(Rococo):18世纪晚期在法国出现的一种风格,是巴洛克建筑之轻巧明亮的变化。特征是:流畅的线条;阿拉伯式图案的装饰;装饰华丽的灰泥工;模糊建筑件组的分别,使之成为一个单一塑造的量体。

品。弗朗斯瓦一世酷爱艺术,他在位时,不惜重金,大量购买意大利文艺复兴时期的绘画精品及雕塑存放于宫中,其中就有达·芬奇的《蒙娜丽莎》等稀世之作。原来的城堡经他的改造,增建了西南翼的一部分,包括一座文艺复兴式宫殿和西侧的秋伊丽宫,这两座建筑构成了卢浮宫的核心部分。可惜秋伊丽宫于1871年被焚毁。

到了17世纪,前一个世纪样式的卢浮宫,在风格上已不能适应当时新的文化潮流。于是,宫廷决定再次重建,增建北宫和东宫。1663年,法国建筑师按照当时法国流行的古典主义原则设计了一批图样,送到意大利去征求意见,被几个权威的巴洛克建筑师否定了。但后者提出的设计方案,也未被法国宫廷采纳。于是,在1655年,法国以隆重的礼仪请来意大利著名的巴洛克建筑、雕刻大师贝尔尼尼为他们设计卢浮宫的方案。贝尔尼尼遂按意大利贵族府邸的样式做了一个设计图。可是法国建筑师们却对它诸多挑剔,反复审查,逐渐加以净化。等到贝尔尼尼一回国,法国建筑师就竞相说服宫廷,完全放弃了贝尔尼尼的设计。最后,法国宫廷还是采用了法国建筑师设计的方案,修建之后的卢浮宫仍体现了法国古典主义的风格。

>>> 傍晚的卢浮宫。

到了太阳王——路易十四在位期间，他再次加以扩建，建成了相当于原来4倍的庞大建筑，并且把宫殿中最早遗留的城堡样式都清除掉。至此，卢浮宫形成了四合院型的建筑布局。1678年，路易十四迁居凡尔赛宫，卢浮宫便作为皇家美术品的收藏、陈列之处，并经常举行大规模的绘画与雕刻展览。

就这样经过100多年，到了拿破仑时代，卢浮宫又得以扩建。拿破仑委派专人修建西翼的宫殿，用以收藏他在欧洲征战时夺得的大批珍宝，还有从土耳其、埃及掠夺来的珍贵文物，以及从罗马教皇、流亡贵族处巧取豪夺来的极为珍贵的雕塑绘画珍宝等，卢浮宫的收藏品大大丰富起来。

1793年，法国资产阶级大革命时期，国民议会决议将卢浮宫改为图立美术博物馆，向公众开放。但由于政局动荡，直到1848年，才正式纳为国有，成为名副其实的国家的博物馆。

到了20世纪后期，法国政府决定再次对卢浮宫进行整修。在卢浮宫两翼之间，新增建了一座玻璃金字塔，作为卢浮宫的入口。原来占据花神楼的法国财政部被迁走，卢浮宫彻底成为一个完整的博物馆。

>>> 永恒的微笑——《蒙娜丽莎》是卢浮宫收藏的三宝之一。

举世闻名的卢浮宫是一个雄伟壮丽、金碧辉煌的庞大建筑群，占地总面积达19.8公顷，宫殿的平面是四合院样式。东面的方宫即旧卢浮宫的主体建筑，是整个建筑群的心脏。它长约172米，高约28米，宫殿正面按照古典柱式的比例和谐地分为三部分，简洁洗练，层次丰富。底层为高约10米的基座，中段是双柱柱廊，最上面为檐口和女儿墙。檐壁上塑有浮雕，最上面是方底穹顶，非常具有法国特色。宫殿的南、北翼各伸展出一长排互相对称的宫殿；西边则连接着杜伊勒利花园，它们中间围合着略呈梯形的拿破仑广场。全部建筑设计保留着法国文艺复兴时期的设计风格，也体现了法国古典时期的设计思想：绝对对称，充满理性精神。

卢浮宫是世界上最大的博物馆，主要分为6大部分，包括古代埃及艺术、古希腊和古罗马艺术、古代东方艺术、中世纪文艺复兴和现代雕塑艺术、工艺美术及绘画艺术等，收藏着从古到今世界各地的艺术珍品和历史文物40余万件，总陈列面积达60755平方米。

博物馆的第一层陈列的是雕塑品。古代东方部分主要是两河流域的文物，其中有著名的汉谟拉比法典碑。古埃及部分有史前

文物、雕塑等。博物馆的第二层陈列绘画和工艺美术品。这些作品的陈列分门别类，极为细致。绘画藏品中名画珍品极多，几乎囊括了古今各国的艺术精华。欧洲画坛上各大流派的名师巨匠们的杰出作品几乎应有尽有，其中有许多是代表着世界一流水平的无价之宝。它们按照年代顺序系统地陈列在上百个展厅中，除了按历史时期划分以外，又按国度和画派分类，个别著名画派与画家的作品则另辟画室，展现着一部辉煌的西方绘画史。

在卢浮宫的所有展品中有三件被公认为是卢浮宫的"三宝"，它们是缺臂人、断头人和微笑人。断臂人指的是古希腊的著名雕像——《米罗的维纳斯》，它高达2.04米，亭亭玉立，端庄典雅，大理石的雕像犹如真人一般温暖细致，技巧精妙绝伦，令人叹为观止，被誉为古典传统艺术最精细的作品。虽然她的胳膊残缺，但其遵守黄金分割的身材却完美无瑕，成为最完美的女性美的典范。断头人则是古希腊人为庆祝胜利而制作的《胜利女神》雕像，雕像的头部和手臂已然不见，但现存的部分，高达3.28米，仍充满着无限的美感，使人联想到她展开双翅，昂首挺胸的勃勃英姿。而还有一宝就是被称为永恒之谜的《蒙娜丽莎》了，在达·芬奇的这幅画前，永远都围着一圈圈的人。有人这样赞誉画师："他描绘流通、润泽的空气，使大气效应似乎缥缈，让人体或物体的轮廓线条在光与影的相互作用下逐渐融化，与周

>>> 法国卢浮宫南墙的装饰性雕像。女神左面的男子及牛代表着农业，右面手拿圆规的男子，代表着科学。

围的风景融为一体。"画中人谜一般的微笑、光线的明暗变化、沉浸于山水风光中的背景，营造着朦胧神秘的气氛，产生了一种奇妙的吸引力，让人久久留恋其中，情难自已。

自从1793年法国大革命后，卢浮宫成为法国国立美术博物馆。经过将近200年的岁月打磨，卢浮宫日趋老化和残损，馆内灯光昏暗，处处积满灰尘。大部分游客要苦苦搜寻一番才能找到其中一个狭小的入口。而且卢浮宫内极为缺乏贮藏室、处置室和修复实验室等辅助设备，能够展示的艺术品不足存量的1／10。破败不堪的卢浮宫已经远远跟不上时代发展的需要了。于是在1981年，在法国总统密特朗主持下，法国政府决定实施"大卢浮宫"计划，大规模地扩建和改造卢浮宫。法国前文化部部长比厄西尼受密特朗总统之托对居世界领先地位的各大博物馆进行访问，询问各馆管理者愿意聘用何人来承担设计改造工作，每个人都说出了贝聿铭的名字。通过反复地考虑，比厄西尼向密特朗总统力荐了著名的美籍华裔建筑师贝聿铭来担任工程的设计工作。他高度评价贝聿铭说："我对他特别感兴趣是因为他是一位美籍华裔建筑师，贝聿铭来到卢浮宫，就像一位满清大员带来历史、文化和传统的问候，又带来美国人的新颖构想。"在他的大力推举下，密特朗总统打破了法国的惯例，未通过公开竞争便直接聘用贝聿铭修复卢浮宫。

>>>法国卢浮宫的一个小房间。

贝聿铭拿出了传统与现代相融合的"玻璃金字塔"方案。金字塔是古代文明的象征，正好与卢浮宫700年的历史相互辉映。而采用玻璃这一现代原料制造又为这古老的造型增添了神奇的魅力。这样就可使卢浮宫既能完好的保存它古老神秘的深邃特质，又焕发出昂扬奔放的现代活力。但巴黎人却对由一个外国人来插手处理本国引以为傲的珍宝馆十分不满，有多达九成的巴黎人极力反对建造"玻璃金字塔"。为了表示抗议，卢浮宫博物馆馆长辞职而去。法国建筑界的权威人物也声言金字塔是"一个毁灭性的庞大装置"。法国的媒体更是竭尽讽刺挖苦之能事。法国人把排斥金字塔当作捍卫国家文化独立的途径。

但密特朗总统一如既往地支持着贝聿铭。而且他们还找到了一个同盟者——巴黎市的市长希拉克。希拉克建议贝聿铭把和原物一般大小的实体模型放置在卢浮宫前的广场上，用实际显现的效果，来接受公众的检验。事实证明：贝聿铭成功了。整个巴黎

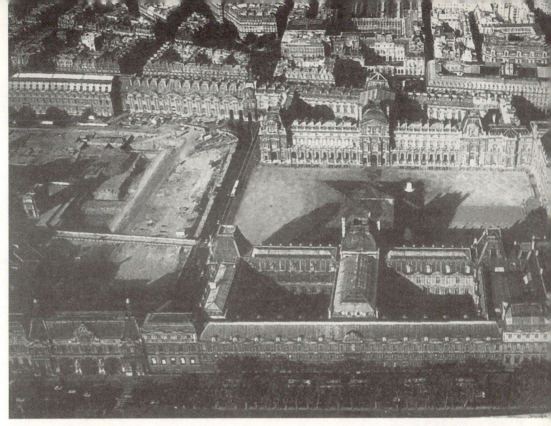

>>>空中俯瞰卢浮宫。

终于被"玻璃金字塔"所折服。巴黎卢浮宫扩建工程终于得以顺利进行。在1988年7月，卢浮宫全部修复完毕。此项工程总建筑面积7万多平方米，耗资63亿法郎。贝聿铭不负众望，他为卢浮宫设计的总入口使这座古老的艺术殿堂焕发出新的生命力，被誉为是法兰西迈入新世纪的标志，成为蜚声全球的建筑杰作。

　　玻璃金字塔看似简单，实则匠心独运，十分巧妙。它模拟5000年前的古埃及金字塔造型，在平坦宽敞的广场上拔地而起，玻璃钢架代替了巨石作为材料，支撑起透明的三角锥体，其边长为35米、高21.6米。四个侧面由673块菱形玻璃拼组而成，总面积约2000平方米。塔身总重量为200吨，其中玻璃净重105吨，金属支架仅有95吨。整个玻璃体清朗透亮，晶莹璀璨，没有丝毫的沉重、拥挤之感。多侧面的玻璃金字塔不仅可以反映巴黎美丽的天空，还为地下设施提供了良好的采光条件，创造性地解决了把古老宫殿改造成现代化美术馆的一系列难题，取得极大成功，不仅体现了现代的艺术风格，而且也是运用现代科学技术的独特尝试。这一建筑正如贝氏所称："它预示将来，从而使卢浮宫达到完美。"金字塔是入口大厅的顶棚，它的一边是大门，其余三边是3个高为5米的小金字塔，由三角形水池和喷泉连成整体，设计别致、简洁、明快，极富现代感。几个小金字塔紧邻玻璃金字塔，清澈的水面映照着金字塔的丽影，更加璀璨耀眼，令人目眩

神迷，而喷洒在玻璃面上迷雾般的水流仿佛披散的轻纱，使透明的金字塔更添上一种如梦似幻般的风韵。每个三角水池都有巨柱喷泉，像是硕大的水晶柱烘托着晶莹的玻璃金字塔。玻璃金字塔覆盖着全馆的主入口和中央大厅，满足了多项功能要求，成为全馆的枢纽，在形式上它不简单地模仿传统，也有新的突破，成为该馆的新象征。

1994年，法国电力公司安装完成卢浮宫的整体夜间照明系统，使得入夜后的宫殿更为金碧辉煌，为巴黎增添了不少魅力，再度添加了一处胜景。其实，贝氏在设计玻璃金字塔时，早已考虑到都市空间在夜晚时所扮演的地位，贝氏希望拿破仑广场白天是人群集聚之地，玻璃金字塔有"桥"的功能，将来自各方的人"引渡"到不同的三个殿翼，夜晚，玻璃金字塔在灯光照耀下，成为都市焦点，吸引人们来到广场，让美术馆的生命从白天延续到夜晚，让公共空间更能充分得以运用，也更生动。

虽然玻璃金字塔在建造之初，曾在法国引起轩然大波。许多人认为这样"既毁了卢浮宫，又毁了金字塔"，把它抨击得一无是处。但经过时间的洗礼，这个设计越来越显现出它巨大的功能意义和绝美的艺术风格，人们不但不再指责他，反而衷心接受它为巴黎的新象征，称其是"卢浮宫院内飞来的巨大宝石"。

而针对屋内辅助设备不足的问题，贝聿铭设计的核心思想是"既不触动和损害老卢浮宫的历史风貌，又为它增添新世纪的生气和活力"。他大胆设想向地下发展，开掘出广达6万平方米的巨大地下空间，用"减法"在广场下挖出三层"建筑"，设有大厅、剧场、餐厅、商场、书店、复制品店、仓库、停车场等各种设施，以及为观众服务的各种机构和进行学术交流的各种现代设施，充分保证了现代社会的各种需要。他把原来互不连属、参观路线既长又单调的旧宫联系到一起，并置于地下，巧妙地避开了上面场地狭窄和新旧建筑冲突的矛盾。

从地面上进入卢浮宫美术馆的玻璃金字塔大门，有电动扶梯到达地下的拿破仑厅。大厅呈正方形，面积达2.5万平方米，四个直角正对着各方位的通道口。大厅有两层，不锈钢的螺旋形楼梯优雅别致，轻巧灵便，引人注目。它没有支柱，高达8.7米，全以楼梯本身的螺旋形特性来支撑。贝聿铭成功地克服各种困难限制，创造了一座优雅的楼梯，达到空间焦点效果。在螺旋梯的

>>> 这尊《断臂的维纳斯》，是世界公认的希腊女性雕塑中最美丽的。

>>> 1667—1674年重新改
建的卢浮宫东立面。

中央还有一个圆座，许多人以为这是一个询问服务台，事实上那是专门为残障人士使用的动力电梯。当使用时，电梯厢才会浮现，体现了人性化的设计。上下变动的电梯厢就像一件"现代化的雕塑"，上上下下，时隐时现，更增添了大厅的空间趣味。在大厅的周边，有一个可容百人的餐厅，两个简易自助餐厅，还有宽敞的书店和商店，一个有420个席位的多功能礼堂，以及为儿童所设计的简介室和其他团体使用的会议室。

由拿破仑大厅向西有通道可到达地下停车场，二层地下停车场可容纳100辆大巴士与600辆汽车，因为来卢浮宫美术馆的人有将近1／4是乘巴士来的外国观光客，所以大巴士停车空间占了很大比例。停车场的地下化，也解决了卢浮宫西侧与杜伊勒利花园之间的交通问题，让地上空间减少了汽车的堵塞和混乱，加强了拿破仑广场向西的空间连续性。由拿破仑厅到停车场，虽是不见阳光的地下，但贝氏在途中安排了一个倒置的玻璃金字塔，这样就有了自然光的照射，产生一种奇妙的观赏感觉，在空间与造型方面更呼应了入口处的金字塔大门意象，体现了建筑师高妙的设计。

品读札记

卢浮宫是法国历史最悠久的王宫建筑，从一座防御用的小城堡变为世界上最大的博物馆，经历了800年的沧桑变化，如同一部神奇的史诗。它古典协调、宏大壮观，充分体现了法国建筑艺

品读世界建筑史
>>> 121 >>>

>>>卢浮宫东立面。

术的高度成就。而它内部珍藏的万件珍品，更是见证了千年的历史。这颗塞纳河畔的明珠光彩夺目，不仅给法兰西，也给全人类带来了最高层次的美的享受。

2 欧洲最宏大美丽的宫殿
>>> 凡尔赛宫

人文地图

凡尔赛宫是欧洲最宏大、庄严、美丽的王宫，是欧洲自古罗马帝国以来，第一次集中如此巨大的人力、物力所缔造的杰作。它是法国古典主义艺术最为杰出的代表，是被联合国教科文组织列为世界文化遗产的重点文物，是人类艺术宝库中一颗绚丽灿烂的明珠。

勒沃（Le Vau，1612—1670）：法国首屈一指的巴洛克建筑师，他为法王路易十四规划的几座主要皇家建筑，均以结合华丽与优雅为主要特色。

🔍 品读要点

富丽堂皇、雍容华贵的凡尔赛宫原来只是一座朴实的小村落，路易十三看中了这块地方，就在1627年命人在此建造了一座皇家狩猎时的行苑。他的儿子路易十四一开始就对这幢建筑很感兴趣，认为它是块宝地。在路易十三死后，他决心要把它改建成有史以来最大最豪华的宫殿。为此，他倾尽人力、物力和财力，集中了当时著名的建筑师、设计家和技师，工地上的施工人员最多时达到30000人，前后历经29年时间，建成了这座后来举世闻名的凡尔赛宫。路易十四认为大型建筑可荣耀他本人及自己的政权。如一个大臣向他进言："除赫赫武功而外，唯建筑物最足表现君王之伟大与庄严的气概。"而他在回忆录中明确表明自己爱好荣耀"甚于其他任何事物"，荣耀"是对于生命本身的一种崇高的致敬"。"那种热情，不是微弱的一旦得到，便会冷淡下来的热情。它永远不会使人厌倦。"路易十四不但为建造这些大型建筑花费大量的钱财，而且常常亲自过问它们的建造，他对那些宫廷建筑师和造园家钟爱有加。凡尔赛宫的建造者之一勒·诺特尔大概是大臣中唯一能跟路易十四拥抱的人。有一次，国王因喜于他的设计，在很短的时间内，接连几次赏赐他巨额的奖金。他开玩笑说："陛下，我会让您破产的。"路易十四还破格赐予凡尔赛宫的另两名建造者勒·布朗和孟萨特以爵位，许多宫廷贵族对此有些不满。他很不屑地回敬他们说："我在15分钟内可以册封20个公爵或贵族，但造就一个孟萨特却要几百年时间。"

>>>法国国王路易十四雕像。路易十四为建造凡尔赛宫花费了大量钱财。

路易十四如此的恩待自会换来建筑师们全心的拥戴与回报。孟萨特负责建造凡尔赛宫的南北两翼和镜厅，内部装饰则主要由勒·布朗完成。根据路易十四的旨意，设计师将原有的文艺复兴样式的宫殿进行了改造，将宫殿墙面改为大理石，并扩建了前院和练兵广场，在广场上设置了三条放射状的大道，还修建了一个极其宏伟壮丽的花园。经过这几位艺术家和后来几位建筑师相继的努力，终于建成了西方世界最大的宫殿和园林，古典主义艺术最集中的代表。1682年，路易十四正式将政府从巴黎迁至凡尔赛。

路易十四，是法国历史上赫赫有名的国王，被称为太阳王。在他统治期间，他采取了一切措施加强中央集权，削弱教会和封

建贵族的势力；鼓励发展经济贸易，使法国的资本主义得到发展；在文化艺术方面支持和资助古典主义的文学艺术，使法国艺术获得了欧洲的领导地位；在军事上他为了确立霸权地位进行了一系列战争。他使法国的绝对君权制度发展到了顶峰，他的名言"我就是国家"生动地反映了他的思想。而凡尔赛宫的修建过程充分贯穿了他的思想，为了与自己至高无上的地位相匹配，他对凡尔赛宫的宫殿和园林进行无休止的扩建、修缮和装饰，使它的规模宏大、富丽堂皇、豪华精美达到了登峰造极、无以复加的地步。他的宗旨就是要通过宏大、豪华的宫殿建筑来强调绝对君权制度下国家和民族的统一。

凡尔赛宫原来所在的地方是一片沼泽，为了填充地基，法王下令从全国各地运来大量泥土，又将森林外迁，以拓展土地。为了解决建造大规模建筑群所产生的一系列包括引水、喷泉、道路等复杂的技术问题，可以说是费尽周折。为了保证园中喷水池所用水源，只好将塞纳河水抽到150米以上的高处，并制造巨大的抽水机作为供应，可谓是一项改造自然的庞大工程。

路易十四死后，他的曾长孙路易十五进一步扩建凡尔赛宫。他花费重金为自己的王后建了一座极为精致的小别墅。他和路易十六都喜欢在凡尔赛宫居住。直到1789年，法国大革命爆发，路易十六不得不结束凡尔赛宫奢华舒适的生活逃回巴黎，1792年他被愤怒的群众送上了断头台。凡尔赛宫也作为路易十六罪恶生活的证据被冷落起来，并数遭劫难。1837年，七月王朝首脑路易·菲利普下令重修凡尔赛宫，将凡尔赛宫的南北宫和正宫底层改为博物馆，展出大量珍贵的肖像画、雕塑、巨幅历史画以及其他艺术珍品。今日的凡尔赛宫已是举世闻名的游览胜地，各国游人络绎不绝，参观人数每年达200多万。

凡尔赛宫是许多重大历史事件的见证者。1871年普法战争中，法国战败，德国的威廉一世在此举行加冕典礼，宣布成立德意志帝国。1871年至1878年，法国国民议会就设在这里，并在1875年在此宣告成立法兰西共和国。1919年第一次世界大战结束后，德国成为战败国。法国人作为对47年前德国人强加给他们的战败耻辱的回报，指定在凡尔赛宫的镜厅签订了著名的凡尔赛和约。如今在镜厅的一角还保存有当年签约时与会代表的所用物品，作为法国人引以为自豪的光荣纪念。现在法国总统和其他领

>>> 凡尔赛宫内的爱神庙。

小贴士

孟萨特（Mansart, 1646—1708）：法国巴洛克建筑师，1675年被任命为法王路易十四的皇家建筑师，穷尽毕生精力于兴建凡尔赛宫。他的创造光辉灿烂视觉效果的绝佳能力，在凡尔赛宫得到了完全的展现。

>>>凡尔赛宫的镜厅。路易十四亲自过问此建筑的建造。

导人也常在此会见、宴请各国国家首脑和外交使节。

凡尔赛宫不仅是皇帝的宫殿，也是国家的行政中心，还是当时法国政治经济文化和生活方式的具体体现，是法国专制统治的一座纪念碑。凡尔赛宫的建造，证明了当时法国经济和技术的进步和劳动人民的智慧。

气势磅礴的凡尔赛宫是西方古典主义建筑的代表，这座庞大的宫殿，总建筑面积为11万平方米，园林面积达到100万平方米。以东西为轴，南北对称。宫顶摒弃了法国传统的尖顶建筑风格而采用了平顶形式，显得端庄而雄浑。在长达3千米的中轴线上建有雕像、喷泉、草坪、花坛、柱廊等。宫殿主体长达707米，中间是王宫，两翼是宫室和政府办公处、剧院、教堂等。宫殿气势磅礴、布局严密、协调。宫殿外壁上端林立着大理石人物雕像，造型优美，栩栩如生。凡尔赛宫外观宏伟、壮观，内部陈设和装潢更富丽奇巧，奢华考究富于艺术魅力。宫内500多间大殿小厅处处金碧辉煌，豪华非凡。各厅的墙壁和柱子都用色彩艳丽的大理石贴成方形、菱形、圆形的几何图案，上面镶金嵌玉配上彩色的镶边。有的墙面上还嵌着浮雕，画着壁画。天花板上金漆彩绘，是雕镂精细的几何形格子，里面装着巨大的吊灯和华丽的壁灯。各种装饰用的贝壳、花饰被错综复杂的曲线衬托得富丽堂皇、灿烂夺目，还配有精雕细刻、工艺

>>> 空中俯瞰凡尔赛宫。

精湛的木制家具，给人以华美、铺张、过分考究的感觉。宫内陈放着来自世界各地的珍贵艺术品，其中有远涉重洋而来的中国古代的精致瓷器。

宫中最为富丽堂皇也最为著名的就是位于中部的"镜厅"，也称"镜廊"，它长73米，宽10.5米，高12.3米。左边与和平厅相连，右边与战争厅相接，是由大画家、装潢家勒·布朗和大建筑师孟萨特合作建造，它的墙面贴着白色的大理石，壁柱是用深色的大理石，柱头是铜制的，且镀了金。拱形的天花板上绘满了反映中世纪晚期路易十四征战功绩的巨幅油画。画风酣畅淋漓，气韵生动，展现出了一幅幅风起云涌的历史画面。天花板上还装有巨大的吊灯，上面放置着几百支蜡烛。吊灯、烛台与彩色大理石壁柱及镀金盔甲交相辉映。排列两旁的8座罗马皇帝的雕像、8座古代天神的雕像及24支光芒闪烁的火炬，令人眼花缭乱。在镜厅中一面是17扇面向花园的巨大圆拱形大玻璃窗，与它相对的墙壁贴满了17面巨型的镜子，这17面大镜子，每面均由483块镜片组成。白天，花园的美丽景色通过透明的大玻璃和光闪闪的镜子交相辉映，人在屋中就可以欣赏到园中胜景：碧蓝的天空澄澈如洗，青青的芳草如茵如梦，绿树环绕、碧波荡漾，令人心旷神怡。入夜，几百支燃着的蜡烛的火焰一起跃入镜中，与镜外的璀璨群星交相辉映，虚幻缥缈，使人如入仙境。

凡尔赛宫的正宫前面是一座风格独特的法兰西式大花园。这

老虎窗 (dormer)：坡屋顶上的垂直窗，自带屋顶和山墙。

个大花园完全是人工雕琢的，极其讲究对称和几何图形化。近处两个巨型喷水池，600多个喷头同时喷水，形成遮天盖地的水雾，在阳光下展现为七色的彩虹，颇为壮观。在水池边伫立着100尊女神铜像，都娇美婀娜。20万棵树木叠翠环绕俯瞰着如茵的草坪和旖旎的湖水。各式花坛，错落有致，布局和谐。坛中花草的种植，别具匠心。路易十四对花有强烈的嗜好。每年要从荷兰进口400万只球茎。亭亭玉立的雕像则掩映在婆娑的绿影和鲜花的簇拥中。园林中还开凿了一条16千米长60米宽的运河，引来

>>> 凡尔赛宫的大理石院是法国上流社会的活动中心。

>>> 凡尔赛宫的镜廊。

>>> 凡尔赛宫的楼梯厅。

塞纳河水，里面停泊着游船和小艇。

　　在凡尔赛宫有一座母神喷泉，是个四层的圆台，簇拥着中央最高处的太阳神之母的雕像。它是用洁白的大理石雕刻而成，高贵典雅、栩栩如生。她一手护着幼小的阿波罗，一手似乎在遮挡四周向她喷来的水柱。水柱是从周围圆台上的蛤蟆雕像的口中喷射出来的。根据希腊神话，阿波罗的母亲为天神宙斯生下阿波罗之后，被善妒的天后赫拉驱逐，她到处流亡，不得已向农夫们乞食，而农夫竟向她吐口水。宙斯知道后雷霆大怒，把这些不知高低的农夫都变成了癞蛤蟆。这座喷泉隐喻着路易十四幼年遭贵族围攻，在母后保护下渡过难关的往事。

　　从母神喷泉向西，沿中轴线延伸着一块绿毯般的巨大草地，它长330米，宽36米，草地两侧矗立着以神话中的角色为主人公的白色石像。石像之外是名为"小林园"的景区，一共有12个，都被树木密密围住。每区有一个主题，或者是水剧场，或者是环廊，还有一个是人造的假山洞，里面安置着几组雕像，表现太阳神阿波罗巡天之后与仙女们憩息嬉游的情景。在大草地的西端又是一个大水池，倒映着蓝天白云，绿影婆娑，荡漾的碧波中央有一座太阳神阿波罗驾驶着骏马在水上疾速奔驰的雕像，只见骏马高昂嘶鸣，太阳神气宇轩昂，整个雕

塑壮丽辉煌。

水池与花园里的运河相连。小林园外是一片浓密的树林，郁郁苍苍，被称为"大林园"。在运河附近还有一座不大的小山丘，黄昏时分，太阳会在那里落下。其时，满天彤云，瑰丽无比，整个园林焕发着金色的光辉。19世纪著名的大文豪雨果在游历凡尔赛宫时，面对此情此景诗兴大发，留下了这样的诗句："见一双太阳，相亲又相爱；像两位君主，前后走过来。"一双太阳，指落日和它的倒影；两位君主，一位是阿波罗，另一位便是路易十四。其实整座凡尔赛宫都贯穿着太阳的主题，从母神喷泉到阿波罗驱车喷泉再到其他种种景致，表现了太阳神阿波罗从幼小到成长后威武巡天的全过程。这和自称太阳王的路易十四很好地贴合。这也清楚地揭示了凡尔赛宫的主题，就是歌颂人间的太阳王——路易十四。

这座凡尔赛宫，囊括了各种能想象得出的舒适，是对路易十四一生辉煌的礼赞。但是，路易十四为了建造凡尔赛宫，也搞得国家财政几近枯竭。临终前，他有点后悔，万分感慨地对5岁的曾孙、后来的路易十五说："孩子，你将成为伟大的国王。不要模仿我对建筑和战争的嗜好，相反，你要努力和邻邦友好相处……努力使百姓幸福。"

 品读札记

雍容华贵的凡尔赛宫代表了法国整个黄金时代的顶峰，是欧洲最宏大的宫殿和园林，它的建筑和花园形式是当时欧洲各国皇室纷纷效仿的蓝本，几百年来欧洲皇家园林几乎都遵循了它的设计思想，为西方古典主义艺术的卓越代表。

3 伦敦最大的教堂
>>> 圣保罗大教堂

人文地图

雄伟的圣保罗大教堂是伦敦最大的教堂，其富丽堂皇的圆形屋顶是伦敦最著名的标志之一。它以悠久的历史和别具一格的建筑特色而闻名于世，是到英国旅游的必游之处。

品读要点

>>> 圣保罗大教堂结构示意图。

圣保罗大教堂位于泰晤士河北边，是伦敦最宏伟的历史古迹之一，也是英国等级最高的教堂。它融合了英国本土及欧洲其他国家的不同建筑风格，是英国引以为傲的艺术杰作。直到今天它仍然是伦敦最重要的标志性建筑。

圣保罗大教堂距今已有近2000年的历史，几经沧桑，多次罹遭毁坏，并曾在1666年伦敦的特大火灾中毁于一旦。后来在当时著名的建筑师、科学家克里斯朵夫·雷恩的主持下，进行了重建。

雷恩爵士是英国古典主义的建筑艺术大师，一位杰出的学者，一生都以法国古典主义为榜样。他对新的建筑结构和技术有着深刻的了解。他设计的圣保罗大教堂凝聚了他所有的知识技能，是英国古典主义建筑的代表作。此外，他还设计过另一幢并非以建筑艺术而闻名的格林尼治天文台。雷恩博学多才，原先是一位科学家，涉猎了多个学科。他研究过天体运动，做过一些相当有意义的生理解剖实验，在几何方面的造诣受到过牛顿的推崇，他一生担负了许多角色，是数学家、天文学家、建筑师、行政官和皇家科学院主席。有人认为，就因为雷恩在圣保罗大教堂

露场：中央部分全部或部分露天的构筑物。

上花费了太多的精力和时间，才导致他在科学研究方面没能有更多建树。大教堂建成后12年，81岁的爵士与世长辞，这位建筑大师被安葬于自己的杰作中。一块黑色的大理石墓碑铭刻着"如果你想看他的纪念碑，那就看看四周吧！"的墓志铭，对其不朽功勋进行了形象的描述。

雷恩最先的设计是一个平面八角形、上覆穹顶的集中式构图，但教会硬是要把教堂建成一个拉丁十字形的，还要在穹顶上加一个六层的哥特式尖塔，搞得不伦不类。1688年，英国确立君主立宪的政体后，雷恩立即抛弃了穹顶上的尖塔，重新设计立面，但由于工程已经完成大半，教堂的平面终于还是呈拉丁十字形状。

圣保罗大教堂高111米，是仅次于梵蒂冈圣彼得大教堂和佛罗伦萨大教堂的全球第三寺院，也是仅次于罗马圣彼得教堂的世界第二大圆顶教堂，其气势磅礴的圆顶造型誉满全球。但在17世纪雷恩提出这项构想时，还被批评为过于富有革命性，对传统教堂建筑冲击太大。雷恩模仿了圣彼得大教堂的体例，潜心钻研文艺复兴大师米开朗基罗的技巧，按照竖长横短的十字架形状进行构思设计，他还把非基督教的古典神殿正面和圆顶形式的顶部放在这座教堂。可谓别具匠心。整个建筑和谐对称、威严雄伟。

教堂平面为拉丁十字形，纵轴156.9米，横轴69.3米。十字交叉的上方矗有两层圆形柱廊构成的高鼓座，其上是由波特兰石材砌就的最具特色的中央圆形穹顶。这是整个教堂最突出的形象，其内径达30余米。体量庞大的穹顶结构看起来十分轻盈，其形式也别具特点。为了同时兼顾外观上的尺度效果和内部的空间形象，大教堂的穹顶采用了三层结构：最外层是覆盖着铅皮的木结构，饱满挺拔；内层的结构高度适当降低，以削弱高大空间的压抑感，人们可以沿着内部的楼梯一直登上穹顶最高端的采光亭，饱览伦敦城的风光；圆顶上面还有一个十字架顶。教堂正门上部的人字墙上，雕刻着圣保罗到大马士革传教的图画，墙顶上还立着先圣圣保罗的石雕像。正面建筑两端各建有一个对称的钟楼，西北角的钟楼为教堂用钟，西南角的钟楼里吊着的是一口名为"大汤姆"的17吨重的大铜钟。每当英国王室成员、伦敦大主教及重要人物去世，"大汤姆"就会被敲响，以自己深沉的钟声来寄托哀思。

>>> 圣保罗大教堂。

教堂的正门前面，有22级台阶。台阶下面的小广场上，有一座于1712年建立的女王安妮的石雕像，歌颂在她的"太平盛世"里，这座圣保罗大教堂的落成。

圣保罗大教堂不仅外观恢弘，内部也装饰得金碧辉煌，美轮美奂，反映出它作为英国皇家大教堂的气派。一走进教堂，就会被那宽广挑高的中殿所吸引，其高耸宽阔的宏大气派令人赞叹不已。各处都施以金碧辉煌的重色彩绘，装饰的精致、华丽，如天工杰作，让人有目不暇接之感。教堂内殿主体是一个正方的，由石柱支撑的拱形大厅。地面则由镶成各种图案的大理石铺就。窗户嵌有精致的彩色玻璃，色彩缤纷，华贵富丽。天花板和四壁都挂着耶稣、圣母和使徒的巨幅壁画，笔触细腻精致，分别是格林·吉伯和詹姆士·浮弗等艺术大师的作品，都是精美的传世珍宝。圆顶下的唱诗班席是教堂中最华丽庄严的地方。唱诗班席位的镂刻木工、圣殿大厅和螺旋形楼梯上的铁工雕镂，极其精美细致，巧夺天工，让人惊叹，反映了高度的艺术与装饰水平。

圣保罗大教堂里还有一个奇妙的地方，就是耳语廊。它是一个特殊的圆环设计，形成密闭的音响效果，分站两头，依然可以清晰地听到对方的声音，十分神奇。耳语廊是观赏圣保罗内部构造的最佳地点，居高临下地俯瞰祭坛旁荧荧烛光，唱诗班练唱的歌声回荡在耳际，会让人体会到一种超乎寻常的宁静祥和。人们在存放着中世纪武士勋章、圣迈克尔与圣乔治骑士勋章、英帝国勋章的小教堂中徘徊，其庄严肃穆的气氛不由得让人庄重起来，油然而生一种对浩荡历史的肃然敬意。

>>> 伦敦著名标志之——圣保罗大教堂，坐落在泰晤士河北岸。

从教堂一侧爬上数百层较为险陡的阶梯就可到达顶端的金回廊。在这里可以鸟瞰整个伦敦市景，是眺望伦敦市区的绝佳地点。

圣保罗大教堂是英国人的精神支柱，英国人把它视为火焰中飞舞的凤凰重生的地方。它也是英国人抵御外侮的精神堡垒，第二次世界大战期间，伦敦大多数地标都遭轰炸受损，但圣保罗大教堂却幸免于难，它的坚固与傲然被英国人当做了精神象征。英国首相丘吉尔以它的屹立不倒来激发民众团结一致、抵抗德国的爱国豪情。

在1981年的7月29日，圣保罗大教堂又成为了世人关注的焦点，英国王室的查尔斯王子和黛安娜王妃在此举行了一场世纪婚

>>>这是1711年，在英国重建的圣保罗大教堂。

礼，其有如童话般的壮观景象让许多人记忆犹新。透过全球电视转播，全球7.5亿人得以目睹映衬着羞涩甜美的黛安娜王妃的金碧辉煌的圣保罗大教堂。2002年，英女王登基50周年庆祝仪式，也在圣保罗大教堂举行。

在圣保罗大教堂中有一个欧洲最大的地下室，许多王公、将军及英国历史上赫赫有名的人物在这里安葬。如两位11世纪的撒克逊国王，海军上将纳尔逊和陆军元帅威灵顿。后两位将军都是19世纪初期同拿破仑作战的英雄。纳尔逊在1805年以少胜多，击败了法国和西班牙的联合舰队，打破了拿破仑登陆英国的企图。威灵顿在1815年著名的滑铁卢战役中，给拿破仑以毁灭性的打击。英国人对于这两场战役的胜利，至今还引以为荣。教堂专门保有他们的坟墓和纪念碑。

小贴士

排柱廊（Colonnade）：一整排间隔整齐的圆柱。

>>>圣保罗大教堂正立面。

品读札记

　　圣保罗大教堂的特征就是它享誉全球的圆顶建筑，入夜之后从泰晤士河上眺望，圣保罗大教堂在璀璨灯火的映衬下，更加巍峨壮观，庄严神圣，使人不禁产生无限遐思。就像一首诗所说："当灵光降落在这个幽静的教堂的时候，此时此刻，历史便与英国俱在。"这教堂不仅仅带有神圣的宗教色彩，而且包含着深厚的历史意味、浓郁的文化底蕴和艺术氛围。

4 英国王室的象征
>>> 白金汉宫

人文地图

闻名于世的白金汉宫是英国王室生活、工作的地方。它规模宏伟、装饰豪华，是世界上最为恢弘、气派的宫殿之一，是英国王室的最高象征和大英帝国兴衰的历史见证。

品读要点

白金汉宫，最早称白金汉屋，意思是"他人的家"。它的所在地原来是一片桑林。那还是在斯图亚特王朝时期，詹姆士一世非常喜爱从远东进口的绸缎，便试图在英国也发展丝绸业。于是，他命令手下在白金汉宫一带的田野里种植桑树，进行养蚕试验，以便生产丝绸。但风起云涌的英国资产阶级革命浪潮将这位国王的试验计划席卷而去，桑园没有兴建起来。后来，在1703年，安妮女王把这儿赏给了白金汉公爵，成为他的私人产业。白金汉公爵在原来的桑园上建起了一座公馆，这就是白金汉宫的前身，白金汉宫的名称也由此而来。

1760年，英国国王乔治三世即位。他对自己在君主立宪制度下徒有虚名、没有实权的国王地位大为不满，企图恢复国王的个人专制统治。乔治三世执意不肯入住当时的王宫——詹姆士宫。他以2.1万英镑的价钱买下了白金汉公爵的这座公馆，并交由一位建筑大师重新设计。自此，这就成了王室的新家。由于这笔购房款项出自夏洛特王后的私囊，乔治三世便把宫殿算做王后的财产，所以这也被称为王后宫。时至1825年，乔治四世正式将白金汉宫改做王宫。但他并不是第一个在该宫殿居住的君王。因为在宫殿装修好之前，他就去世了。1837年继任登基的维

多利亚女王，成为第一位真正入主白金汉宫的君主。以后，英国的历代君王都住在这里。

自从王室买下白金汉宫后，就不断对其进行改装、扩建，最终形成了色调不尽一致，式样五花八门，被人戏称为"补丁宫殿"的样貌。最先在19世纪20年代，白金汉宫是意大利风格。到了1821年，国王乔治四世聘请了当时英国最有名的建筑家约翰·纳什来设计和装修白金汉宫。整个工程从1825年开始，到1836年竣工。重建后的白金汉宫用巴斯石灰石取代了原来的红砖，更加整齐气派，豪华富丽。等到20世纪初期，白金汉宫又进行了整修。在白金汉宫的东侧增建了一座长达110米的东正殿大楼。这座大楼是用波特兰岛出产的白石块砌成的，洁净和谐。它面朝大门，正好把原来的三栋大楼遮挡起来，使白金汉宫越加显见王家气派。在1931年，白金汉宫外墙面又被用石料装饰一新。

白金汉宫属于英国王室的禁地，以前不对公众开放。但1992年自从英国王室的另一驻地——温莎城堡经历过一场特大火灾，损失惨重后，英国王室决定开放白金汉宫，用其中获得的大部分的利润对遭受火灾的温莎城堡进行修缮。白金汉宫开始向所有的平民百姓开放。每年的8、9月间是白金汉宫开放的日子，一般民众都趁此时进入王宫。白金汉宫可供参观的部分为王座室、音乐厅、国家餐厅、宫殿南侧的女王美术馆和皇家马厩。女王美术馆设在白金汉宫南边的侧殿。这座宫廷画廊长达49米，陈列着王室所收藏的名画和各类艺术珍品。馆内还专门陈列着英国历代王朝帝后的100多幅画像和半身雕像，营造出一种18、19世纪英格兰的氛围，这都激起参观者的浓厚兴趣。皇家马厩也在宫殿主楼的南侧。马厩里除了喂养着一批又高又大的黑色御马外，还有一些镶金带玉的皇家马车和现代化的皇家汽车可供参观。其中有一辆漆金的四轮大马车最引人注目，它是1672年英王乔治三世时制造的。从那时起，每逢国王或女王举行加冕典礼，都要乘坐这辆马车。直到现在，英国女王离开王宫进行典礼性的国事活动时，也都乘坐马车，以示庄重。

另外，白金汉宫还有一处景观可以每天观看，那就是白金汉宫的禁卫军换岗仪式。皇家近卫军昼夜守卫于白金汉宫正门前，肃然而立，一丝不苟。他们由禁卫师下辖的5个步兵团组成。守卫的官兵，除了手中拿着的是现代化的步枪以外，完全沿用了英国古典的军容。他们身着红衣黑裤全套御林军礼服，头戴又高又大的帽子。每次换岗仪式上，白金汉宫门前的卫士和当年一样，迈着威严的正步姿势行进，在军乐和口令

>>> 白金汉宫外景。

声中，做各种列队表演，并互相举枪致敬，显示着王室的气派。这已经成为伦敦一个盛景，吸引着成千上万的各国观光者。这些值勤的卫兵与其说是执行守卫任务，毋宁说是炫耀宫廷的威严，显现着帝国昔日的风光。每年女王在其"官方生日"那天———一般是6月份的第二个星期六———会在"骑士卫队广场"进行"军旗敬礼分列式"，即"女王阅兵式"和"阅兵式的彩排"，十分壮观。这个延续近200年的阅兵活动已经成了英国的一个重大节庆。

白金汉宫东临威斯敏斯特区圣詹姆士公园，西接海德公园，整个宫殿环境幽雅、景色秀美，宏伟壮观。它的正面建筑是一幢4层楼的正方形大建筑物，两翼各相连一座宫殿大楼。西边是一座大门朝东的正殿，两端是南、北对称的侧殿，与正殿相连，形成一个半口字形的建筑物。白金汉宫内设有宴会厅、典礼厅、音乐厅、宴会厅、画廊、图书室等600多个厅室。

白金汉宫的前正殿是宫廷官员的办公室和国宾馆。来英国进行国事访问的外国元首，就在这里下榻。前正殿的一些大厅，装饰得美轮美奂，摆放着来自世界各地的精美家具和工艺品。这里面还有很多中国式的家具陈设，如精工雕花的红木桌椅、精致的

>>> 正在举行国事活动的
白金汉宫。

宫廷瓷器和大幅的黄缎绣屏等。后正殿是王室的国事活动大厅。
室内陈设可谓是淋漓尽致地体现了皇家的豪华气派。天花板上的
水晶玻璃吊灯光彩夺目、流光溢彩，墙壁雕琢精美、色彩绚丽，
还有富丽雅致的地毯、沙发、桌椅、窗帘，巧夺天工的艺术品，
真是美不胜收。北侧殿则是王室成员居住的地方，辟有幼儿园、
医院、学堂、集邮室等。

　　白金汉宫的三座宫殿大楼围绕着一个宽敞的方形庭院，前面
有一道威严庄重的铁栅栏作为院墙。英国女王接见外国元首时，
就在这里检阅仪仗队。铁栅栏的正中，是一座雕刻精细、式样美
观、富丽堂皇的大理石凯旋门，这就是白金汉宫的正门。厚重大
门上的浮雕亦营造出与宫殿十分和谐的氛围。围墙里面，可以看
到那些著名的近卫军士兵纹丝不动地伫立着。

　　王宫的西侧有一个御花园，十分宽阔，占地有16.2万平方
米。御花园中有青翠如茵的草坪，点缀着芬芳缤纷的奇花异草、
精雕细刻的石雕亭阁，还有幽静如梦的清澈湖水，真是姹紫嫣
红、美不胜收。白金汉宫的御花园已成为王室重要的国事活动场
所。每当夏季来临时，御花园内绿树成荫、百花争艳、流水潺
潺、香风阵阵。在这个时节，英国女王总要在这里举行几次盛大

品读世界建筑史

的花园招待会，邀请各国驻伦敦的外交人员及国内各界的知名人士，同王室人员一道观赏园中美景。花园会上，人们悠闲惬意地游玩、享受美食和音乐。女王及王室人员则利用这个机会与各方人士相见，以增进了解、寻找友谊、协调合作。在花园招待会上，常常会看到一种有趣的情景，女宾们衣着华丽且古典大方，男宾们多着燕尾服还头戴高礼帽，似乎是欧洲古典小说中所描绘的贵妇人与绅士的再现。

在白金汉宫正门前还有一个开阔的广场。广场中心胜利女神金像高高地伫立在大理石台上，前广场的中心，还建有一座维多利亚女王纪念碑。它金光闪闪，灿烂夺目，由三部分组成，圆柱形的底座、长方体的柱子和站立着的维多利亚女王镀金雕像。纪念碑的每一部分都衬有精美的石雕。维多利亚女王纪念碑成了白金汉宫的点睛之作，表达了白金汉宫主人们对维多利亚女王时代英国的和平繁荣景象的不尽的怀念。

自19世纪以来，白金汉宫成为英国王室的主要活动场所，是英国王室协调国内外各种关系、缓和各国之间矛盾的政治舞台，也是游人心目中的圣地。

品读札记

白金汉宫作为英国王室的主要居住和活动场所，担负着重要的政治功能。它不仅仅是一座富丽堂皇、庄严气派的宫殿，更深刻地铭记着"日不落帝国"与王室的兴衰变迁。

5 俄罗斯帝国的明珠
>>> 冬宫

人文地图

　　闻名于世的冬宫是俄罗斯最为精美豪华、富丽堂皇的建筑。它规模宏大、气度非凡、雄伟壮丽，是俄罗斯建筑艺术的卓越代表，是俄罗斯帝国皇权的象征。

品读要点

　　冬宫所在的圣彼得堡以其无数的河道和400多座桥梁，被称为"北方的威尼斯"。最初它只是涅瓦河三角洲一座四周沼泽密布、芦苇丛生的荒凉岛屿。1703年，彼得大帝开始实施宏大的城市规划和建设，使它逐渐成为一座规模宏大、设计完美、雄伟壮丽的城池。

　　1712年，俄罗斯把首都从莫斯科迁到圣彼得堡，并一直持续到1917年。这座城市随着政治风云的变迁不断更名：1914年它改作彼得格勒，1924年列宁去世后又命名为列宁格勒，1991年苏联解体后恢复圣彼得堡的旧名。

　　冬宫最早是荷兰风格的两层建筑。1719年，根据彼得一世(即彼得大帝)的指令，在距原皇宫不远处，又修建了第二座北欧风格的冬宫。1754年，彼得一世的女儿伊丽莎白·彼得罗夫娜女皇又聘请意大利著名的建筑师拉斯特雷利建造一座巴洛克风格的新皇宫。然而宫殿尚未完工，她就去世了。1762年，刚刚即位的彼得三世和妻子——也就是后来推翻他自登皇位的叶卡捷琳娜二世——入主冬宫。叶卡捷琳娜二世不

>>> 冬宫是沙皇在圣彼得堡建造的最为豪华的宫殿。

喜欢拉斯特雷利的创作风格，认为繁缛细腻的巴洛克风格已经不合时宜，她换用了欧洲几位古典主义的建筑师对宫殿内部继续进行装饰，并对原设计做了一系列改变。但在1837年冬宫曾遭大火，许多建筑被毁，所幸珍贵的艺术品都被抢救出来。尼古拉一世在1838—1839年对烧毁的部分进行了修复。在第二次世界大战期间，冬宫遭到战火的严重破坏，战后才得以修复。

冬宫因其特殊的角色地位成为各种重要政治事件上演的舞台，著名的叶卡捷琳娜女皇，就在冬宫成功地发动了政变，推翻了与她不和的丈夫彼得三世，登上了王位。而1917年爆发的推翻了沙皇统治的、让俄罗斯翻天覆地的十月革命也是以起义军攻占了冬宫而正式揭开了序幕的。

冬宫屹立在圣彼得堡波光粼粼的涅瓦河左岸，是一幢气派非凡的三层楼建筑。它一面朝向涅瓦河，一面朝向气势恢弘的海军大厦和宫殿广场。两个立面巧妙地融入四周不同的景色而呈现出多姿多彩的风貌，面向冬宫广场的西南面为其正面。

冬宫从动工设计到竣工，整个工程耗时50年，前后计有德国、法国、意大利和英国等许多欧洲建筑师参与设计，故其建

>>> 冬宫前的广场及凯旋门。作为俄罗斯皇家宫殿，冬宫的美丽和富丽堂皇是不言而喻的。

>>> 冬宫内景。

>>> 冬宫是巴洛克风格在圣彼得堡最为辉煌时期的建筑，几乎代表了巴洛克建筑在圣彼得堡的最高成就，被誉为世界上最漂亮、最经典的巴洛克建筑之一。

筑风格复杂多变，颇具西欧风采。冬宫的立面采用古典主义的建筑手法，面向宫殿广场的一面，中央稍往外突出，有三道拱形的铁门，入口处有阿特拉斯巨神群像，十分雄伟壮观。这种形式后来在俄罗斯建筑中被经常运用，成为俄国古典主义建筑形式之一。这种建筑风格实际上是杂糅了法国古典主义和意大利巴洛克风格综合而成的，宏伟富丽而又繁缛细腻。不同于其他国家的王宫，冬宫外观并不是普遍选用的灰色、暗红色、棕色或白色，而是雅致的淡绿色，十分别致。绿色的底面上，严整地排列着上下两排白色圆形倚柱和上、中、下三层金色的拱形窗。而屋顶上有200多件造型奇巧精美的雕像作品，连同窗户上细致的雕花、优美的爱神头像，各式鲜明耀眼、引人注目的浮雕、花卉雕像等，给冬宫均衡的外观增添了一种灵动飘逸的气韵。

冬宫平面呈封闭式的长方形，长约280米，宽约140米，高22米，建筑面积为4.6万平方米，一共占地达9万平方米。宫殿整体造型优美，雕刻装饰丰富，色彩绚丽明快，图案精巧奇异。宫殿四周建有凸起，飞檐总长近2千米，巍峨壮观。冬宫内部是一个大型的四合院，外面部分都是些次要的办公用房和服务性房间，主要的宫殿在里面。

冬宫共有1050个房间，1886道门，117个楼梯。宫内每个大厅都各具特色，装饰与布置无一雷同。墙上、天花板上装饰着油画、壁画、银制的水晶大吊灯和金、铜镶就的各种艺术珍品，色彩缤纷，豪华雅致。

大御座厅被称为冬宫的心脏，最先是巴洛克风格，但叶卡捷琳娜二世认为巴洛克过于繁缛奢华，与启蒙时代的理性思想格格不入。于是，这座御座厅便被改建成严谨的古典主义形式。大厅内铺设着专门从意大利运来的大理石，赋予大厅非同寻常的庄严感。大厅中央是俄罗斯历史上的常胜将军格奥尔吉的大理石浮雕，它庇护着下方的御座。天花板上装饰着富丽堂皇的镀金图案，地板则是由16种颜色的珍稀木材镶拼而成，和天花板具有同样的花纹，上下呼应，和谐统一。这座气势恢弘的大厅是沙俄皇室处理要事的主要场所。

彼得厅，又称为小御座厅，是为了纪念俄罗斯帝国的缔造者彼得一世而建的。厅内最醒目的装饰就是带有寓意性构图的《彼得一世与弥涅尔瓦》画像。而这位俄国第一位沙皇的标志物组成部分——"彼得大帝"的花体字、皇冠、双头鹰在大厅中处处可见。厅内中心位置的御座是珍贵的历史文物，木制基座上镶嵌着镀金银饰，光彩照人。椅背用银线锈着俄国的国徽。

孔雀石大厅厅如其名，每根圆柱都是用孔雀石做成的，共耗用了2吨多孔雀石。它是尼古拉一世的皇后的会客厅，厅内8根立柱和同样数量的壁柱以及两个壁炉均由孔雀石制成，并采用了复杂的"俄罗斯马赛克"技术。鲜绿色的孔雀石与天花板和柱冠上华丽的镀金装饰图案交相辉映，产生了令人叹为观止的艺术效果。而在乔治大厅的墙上，有一幅镶有45000颗各色宝石的罕见的俄国地图。

此外，还有的房间用金子在白色的顶上制作出各种细致和花纹，有的用柱子撑起华丽的拱形门廊，有的地上铺设着用紫檀、红木、乌木等9种贵重木材制造的地板，有的还用绿色的或白色的锦缎装饰，都极为富丽堂皇。

作为俄罗斯皇家宫殿，冬宫的花园也美丽得惊人，喷泉和人工瀑布使人目不暇接。由于彼得一世是一位强烈坚定的西方主义者，他决意要造一座能与凡尔赛宫相媲美的建筑。

>>> 彼得大帝密访西欧，从此振兴了俄国。

修建这座花园时，他亲自规划布局，动用军队和农奴来为这些令人眼花缭乱的喷泉和人工瀑布挖掘沟渠水道。这些喷泉每秒钟需水34095升。在这个21公顷的花园里有许许多多的瀑布和喷泉，其中有些是不定时喷水设计，把无准备的游人淋成落汤鸡。园中最大的瀑布，从七级极宽的台阶逐级下降，每级台阶两边都有喷泉和镀金的古典神像及英雄塑像。《圣经·旧约》中的英雄参孙，被置于一个巨大水池上，正用手把一头狮子的嘴撑开，狮子口中有一水柱喷向空中，高达20米。周围水花晶莹跳跃，还有假山以及海豚、仙女，人身鱼尾的海神之子特赖登正吹着号角，疯狂地欢庆。

冬宫还是著名的埃尔米塔什博物馆的主体部分。1922年成立的埃尔米塔什博物馆和伦敦的大英博物馆、巴黎的卢浮宫和纽约的大都会艺术博物馆共称为世界四大博物馆。这个博物馆是从叶卡捷琳娜二世的私人博物馆发展而来的。1764年，叶卡捷琳娜二世从柏林购进伦伯朗、鲁本斯等人的250幅绘画，存放在冬宫的艾尔米塔什，该馆由此而得名。此后，叶卡捷琳娜二世不惜重金，从世界各地，主要是欧洲收购收藏各种类别的艺术珍品。

此后，历代沙皇的巧取豪夺也大大丰富了埃尔米塔什的馆藏。十月革命以后，埃尔米塔什成为对大众开放的博物馆。如今，博物馆一共占有5座大楼，收藏有从古至今、世界各地的270万件艺术品，包括1.5万幅绘画、1.2万件雕塑、60万幅线条画、100多万枚硬币、奖章和纪念章以及22.4万件实用艺术品。据说若想走尽埃尔米塔什博物馆全部350间开放的展厅，行程约计22千米之长。埃尔米塔什的建筑和内部装饰颇有特色，拼花地板光可鉴人，家具精致耐用，各种宝石花瓶、镶有宝石的落地灯和桌子有400件左右。

西欧艺术馆是博物馆最早设立的展馆，共有120个展厅，主要收藏的是文艺复兴时期的绘画和雕塑。走进一个个大厅，跃入你眼帘的艺术大师的名字和作品足以让人惊叹不已，意大利文艺复兴三杰达·芬奇、拉斐尔、米开朗基罗各展绝世风华，乔尔乔内、提香等古典大师尽显魅力。印象派的展厅里展出着印象派大师莫奈、雷诺阿、德加、高更、凡·高、马提斯的一幅幅价值连城的杰作，令人目不暇接。

而东方艺术馆拥有16万件展品，最早年限在公元前4000年。包括古埃及、古巴比伦、亚述、土耳其等各古国的文物。远东艺术博物馆则主

小贴士   顶楼(attic)：房屋屋顶的空间或房间，也指古典立面中檐部上方的矮墙或楼层，如在罗马凯旋门上。

要收藏了大量的中国文物和艺术品，其中有200多件殷商时代的甲骨文、公元1世纪的珍稀丝绸绣品、敦煌的雕塑和壁画，以及中国的瓷器、漆器和名贵字画。

此外，还有毕加索立体画展厅，意、法画家展厅（馆内所藏的法国艺术品是除法国之外最多的），俄国历代服装展厅等。这些展厅各具特色。其中，最引人注目的是彼得大帝展厅，这里陈列着大量彼得大帝生前用品，其中许多是他亲手制造的。展厅中的一个玻璃柜中矗立着一尊彼得大帝的蜡坐像，生动逼真，栩栩如生。蜡像的头发是取自彼得大帝本人的真发。在肖像旁边立有一根木杆，木杆上两米多的地方刻有一道线，以示彼得大帝身高超过两米。

在冬宫的前面原来是一个军事指挥部，中间有一个半圆形的广场。总指挥部正中是一个三层楼高的圆拱大门，雄伟壮观，气派非凡。广场的正中，原来准备放置彼得大帝的铜像，但直到彼得大帝死时，铜像还没完工，后来就改为亚历山大罗夫斯基纪念柱。

 品读札记

冬宫是巴洛克风格和新古典主义风格完美结合的结晶，本身就是一个美妙绝伦的艺术品，而其中含藏的无数艺术家的珍品杰作，更使它成为一个世所罕见的艺术之宫。

6 美国历史的缩影
>>> 美国国会大厦

人文地图

位于美国首都华盛顿的国会大厦是全美最著名的地标之一，是美国历史的缩影。它的中央白色大圆顶已成为美国电视新闻报道中的最佳背景，被世界各地的人所熟知。

品读要点

>>> 美国国会大厦是美国历史的缩影。

美国国会大厦坐落在美国首都华盛顿的国会山上。它可以说是和美国一起成长起来的。1783年，美国独立战争以后，先是以纽约为首都，一年后又迁至费城，但这两个城市作为一国的首都都不太适合。于是，国会授权给美利坚合众国的开国元勋乔治·华盛顿来选择一个合适的地方充任国家的政治中心。被称为美国国父的华盛顿在反复考虑之后，终于选定了波多马克河东岸的一块地方作为首都，并开始在此地兴建国会大厦、白宫等一系列国家政治行政机构。美国政府国务卿杰斐逊，也就是著名的《独立宣言》的起草人，代表政府向全国发布了征集设计方案的通告，宣布参选方案一经采用，将会发予设计人500美元的奖金。消息发布之后，响应者踊跃，但没有特别出类拔萃之作。在距离征稿截止日期只差6天的时候，征集委员会收到了一位名叫威廉·索顿的年轻人的来信，他要求稍微宽限几天，评委会允许了他的请求。几天后，这个年轻人的图纸送来了，这份迟到的设计图让众评委眼前一亮，国会大厦的方案终于确定了下来。1793

年，乔治·华盛顿亲手为国会大厦奠下了第一块基石。1796年，为了满足实际使用的需要，国会大厦首先倾力完成南北两翼众、参两院会议厅的工程，以保证议会首先投入使用。1800年11月，众、参两院议员在刚竣工的大厦北翼会议厅内首次举行了众、参两院的联席会议。为了纪念1789年卸任的华盛顿总统的功绩，议会决定把首都以华盛顿的名字命名。1803年，在国会大厦的南北两翼修建了一道木制的拱廊，把它们联成一体。

1814年，英美第二次战争时，英军曾一度占领华盛顿，放火焚烧了白宫和国会大厦等重要的国家机构。国会大厦连接南北两翼的木制走廊整个被烧毁，幸好当夜一场铺天盖地的大雨，才没使整幢大厦化为废墟。1815年2月15日，国会拨款50万美元用于修复和续建国会大厦。重建的国会大厦放弃了原来的木制结构，采用了更为坚固防烧的大理石作为建筑材料。

19世纪中叶，随着美国的进一步发展扩大，参、众两院议员人数也急剧增加，国会大厦原来的会议厅已经不能满足需要了。于是，1851年国会大厦又在南北两翼扩建了会议大厅，使得众、参两院可以分别使用，结束了联席开会的情况。并且扩建工程还将原来大厦中央大厅的圆顶增高扩大，仿照万神庙的形式，改造成钢铁结构，外部再环以典雅的立柱，使得中央圆顶更为气派非凡、典雅高贵。1857年，众议院的建筑完成了，参议院于两年后完成。

1861年，南北战争爆发后，那时国会大厦的扩建工程还没有完全竣工。有人提议停建该大厦，但林肯总统坚持要将高达几十米，包含有一个自由女神雕像的大圆顶造好。1863年12月2日夜晚，华盛顿人自发地聚集起来，共同目睹近6米高的自由女神铜像被送上国会大厦的中央圆顶。这个铜像是由居住在意大利的美国雕塑家托马斯·克劳福德创作的。最初，雕塑家构思的铜像名字叫"武装的自由神"，所以为她设计了盔冠。他制作好雕像后，费尽周折才于次年运到华盛顿。当雕像稳稳地伫立在大厦顶端时，代表合众国35个州的35门礼炮轰鸣起来，同欢呼的人群一起向战争中宣告完工的国会大厦致敬。从那时起，国会大厦的外观基本确立，并且一直保持到现在。自1793

>>> 夜色中的美国国会大厦。

年奠下第一块基石，经过历年不断的修缮扩建，国会大厦与原先相比，已经扩建了两倍。它见证了这个国家的风风雨雨，一直傲然挺立，是美国首都最好的象征。

国会大厦坐落在国家大草坪东头一块被称为"国会山"的高地上。国会山原名仁金斯山，因国会大厦建于此地而改名。国会大厦的主体建筑是中央的圆形大厅，从大厦的东门就可进入。东大门又被称为"哥伦布门"，以纪念这位首先发现新大陆的冒险者。铜铸的门扇上刻有描述他事迹的浮雕。东大门下的台阶通常是美国总统举行就职仪式的地方，从1829年杰克逊总统就职起到现在，美国大多数总统都在这里举行了就职仪式。穿过东门，就走进了宽敞明亮的圆形大厅。大厅直径约为30米，内顶高约55米，云石为墙、花岗岩铺地，金碧辉煌，气势宏伟，可容纳二三千人。大厅墙壁上，陈列着8幅巨大的油画，上面描绘着美国历史上8个重大事件。东墙上的4幅画反映了欧洲移民初到北美新大陆和英国殖民主义时期的情景；西墙上的4幅表现的则是美国的独立战争场面。站在中央圆形大厅昂首仰望，一幅巨大的油画映入眼帘。这是在国会大厦作画22年的意大利画家康斯坦丁·布卢米狄的杰作《天堂中的华盛顿》。画中美国的开国元勋，也是美利坚合众国的第一位总统——乔治·华盛顿居于自由女神和胜利女神之间，他们的两旁簇拥着13个欢乐女神，分别代表美国建国时的13个州。欢乐女神外围的下方，有6组人物，分别象征着战争、科学、航海、商业、工业和农业。这幅巨画面积达433平方米，气势磅礴，宏丽壮观，很好地烘托了中央大厅的气氛。布卢米狄留下了许多精美画作，这是其中最著名的一幅。

中央圆形大厅的南侧，是有名的雕像厅，里面环列着许多栩栩如生的人物雕像。这个大厅最早是众议院的会议厅，它的上部造型是一个圆形的穹顶，以使大厅里任何角落都能清楚地听到发言者的讲话，这在那个还没有发明扩音器的年代是很有效的设置。它从1807年一直使用到1857年，因后来新的众议院大厅落成，这个大厅才空了出来。于是，在1864年，国会作了一个决定，即每个州可以在这个大厅里放置两位本州杰出公民的雕像。截至20世纪90年代初，大厅里共陈列了94尊雕像，都是美国各州的杰出精英。在雕像厅的南门门楣上，端立着一尊洁白的自由女神雕像，它是19世纪初就放置在这里的。这尊雕像对面的门楣上，一个古老的时钟上部，

>>> 国会大厦近景。

雕刻着历史女神的生动形象。她的左脚踏在鹰的翅膀上，正在史册上记载着什么。这个时钟，启用于1819年，可以算做古董了。

穿过雕像厅向南就是众议院的会议大厅。众议院会议厅在国会大厦的南翼；与众议院会议厅相对称，参议院会议厅在国会大厦的北翼。平时如果参议院举行会议，国会大厦的北翼就会升起国旗；如果是众议院在开会，国会大厦的南翼就会升起国旗。不举行两院会议的时候，游人可以免费参观这两个大厅。

在参议院与众议院之间有一道长廊连接。长廊两旁，是画着全美各种奇花异草、飞禽走兽的美丽壁画，它由意大利名画家绘制而成，蔚为壮观。

国会大厦内部共有540间大小各异的房间，都装饰得精美大方。其中原最高法院的房间很是引人注目。那是一个1／4球体形状的屋子，墙面为高雅的象牙黄色，正面立柱上有4尊云石雕刻的塑像，他们都是为完善美国的法律作出重大贡献的杰出人士。原最高法院楼顶上就是原参议院会议厅，其建筑风格与楼下的原最高法院大厅一致，但要宽敞许多，大厅正面是灰色的石柱，中间是议长席。议长席的后面是红色天鹅绒的帷

>>> 晚霞中的美国国会大厦。

幕，帷幕的中间顶端，也就是议长席的上方，是一只镀金的鹰。金鹰张开双翅，口衔绶带，十分生动。房间里面还有一个中层围廊，是1835年安设的，专供参议员的夫人们前来旁听辩论。

走出大厦，外面是一大片广阔的草坪，旁边绿树环抱，翠叶成荫，景色优美宜人。在草坪附近，国会山西侧，矗立着一座威武的格兰特将军的骑马铜像。格兰特是南北战争中的英雄，美国第18任总统。格兰特将军铜像前是一池清澈的碧水，名为倒影池。国会大厦洁白的身影荡漾其中，池中还有憩息的野鸭、海鸥等小鸟兽在这里戏水畅游，悠闲幽静，一派平和的景象。

站在华盛顿绿草如茵的国家大草坪中间，向四周环望，洁白如玉的国会大厦犹如绿色地毯上安放的一座象牙雕刻，玲珑剔透、精美秀丽。根据美国宪法规定，首都华盛顿的建筑物都不得超过国会的高度，所以，国会山上的国会大厦就成为华盛顿的最高点。站在国会大厦上向远处眺望，华盛顿市的各种景物尽收眼底。所有街区以此为中心，井然有序地排列着。

美国国会大厦每周二至周五免费开放，供游人参观。如遇国会开会，参观者还可在听众席列席旁听。

品读世界建筑史

 品读札记

　　国会大厦是美国的重要标志性建筑，白色的国会大厦被绿色的草坪和树林环绕，远看犹如被置放在绿绒毯上的象牙雕刻，是华盛顿市最亮丽最迷人的一道风景线。

7 美利坚的心脏
>>> 白宫

人文地图

　　白宫是美国总统办公和生活的地方，可以说是美国的心脏，也是世界上唯一定期向公众开放的国家元首的官邸，在这里面游览似乎可以触摸、感知到一些属于这个国家的脉搏。

品读要点

　　白宫是美国总统的专属官邸，它是由美国第一任总统华盛顿倡导修建的。华盛顿认为未来在这里工作和生活的主人是国家公仆，所以它不能是君主帝王的豪华宫殿，而应该宽敞、坚固、典雅，给人一种超越时代的感觉，无须高大，有三层高就足够。国务卿杰斐逊根据他的提议，在全国、甚至更广的范围内征集国会大厦和总统官邸的设计方案，入选者可以得到500美元的奖金。1792年3月，杰斐逊将征集到的方案送交华盛顿审定，从各地来的设计方案不少，但却没有让华盛顿真正满意的。这年6月，一位名叫霍本的年轻人前来费城拜会华盛顿说，他准备亲自到首都看过地形后再做设计。霍本后来果然赶到划定的地方，仔细考察研究后，用20天的时间就画出了设计图。他的方案是根据18世纪末雉堞(crenela.fion)：护墙，常围绕城堡，有缺口或射击孔，防御者通过它向进攻者射击。抬高的部分称为城齿。

英国乡间别墅的样式，再参照当时流行的意大利建筑师帕拉第奥式的造型设计综合而成的，与华盛顿设定的要求十分吻合，他的设计因此脱颖而出，成为首选。华盛顿也认为方案总体上说是理想的，只是规模稍微小了些。他命令将设计尺寸加高和放大1／5，作为最后的定稿。

在1792年的10月13日，施工现场放置了第一块石头，上面刻有华盛顿、杰斐逊等人的名字。大规模的施工是从1793年开始的，霍本被任命为工程的总建筑师。为了建筑施工的需要，他命人在今天白宫北面的草坪一带特意垒造了3个砖窑，烧制砖块，以供国会大厦和白宫建筑的工程使用。霍本对施工质量要求极高，建筑材料更是精益求精，因此工期拖得较长，以致首任总统华盛顿在任期内都来不及在这里住下。在他离任的时候，官邸刚刚完成了建筑轮廓。1796年春，华盛顿曾途经此地，欢迎他的人群有如潮涌，从四面八方聚拢而来，并在未完全建好的官邸前鸣放礼炮16响，作为对他的欢迎。这也是华盛顿在总统官邸前参加过的唯一仪式。

美国第2任总统约翰·亚当斯成为这里的第一位主人。1800年11月1日，他搬进了这座官邸。这时官邸的内部装修还没有完全结束，许多屋子空空荡荡的，亚当斯夫人就把官邸东厅当作了洗晾衣服的地方。

第4任总统詹姆斯·麦迪逊住进总统府以后，为总统府增配了一些比较精致的家具。但是1814年8月下旬，英国军队突然进攻华盛顿。美军措手不及，正规军队人数又不多，主要靠民兵抵挡，结果战况不利，英军于8月24日下午攻进华盛顿。当时，总统麦迪逊亲自指挥作战，领兵不断后退。他的妻子多莉一直勇敢镇定，她在英军即将进入华盛顿的最后一刻才从总统官邸撤走，临行时从墙上摘走了华盛顿的肖像，还带走了美国《独立宣言》的原件，以及相当数量的珍贵的国家档案。入侵华盛顿的英国军队没有抓到美国的重要官员和机要文件，恼羞成怒，一把火烧掉了总统官邸。所有的家具几乎荡然无存。

1815年，英军撤退后，官邸在原设计师和总监工霍本主持下进行了重修。为了消除大火后的烟痕，霍本吩咐工匠把整座官邸粉饰成白色。这也是后来"白宫"一词的由来。

在南北战争中，白宫成为联邦军队的总司令部。就是在白宫第二层椭圆形办公室里，林肯总统签署了著名的《解放黑奴宣言》。

从19世纪中叶开始，白宫的名称混乱起来，有人称"总统官邸"，有人叫"总统府"。1901年，西奥多·罗斯福总统正式将它定名为"白宫"。

根据办公需要，特别是由于时代发展，通讯技术和生活水平提高，

>>> 美国华盛顿白宫是仿古典时代的建筑。

白宫从建成以来的200多年里，已经陆续增添了许多设施，经历了无数次的装修。白宫于1833年安装了自来水和淋浴设施，1848年装了煤油照明设施，1853年引进了供暖系统。以后又陆续装了电灯、电话，再往后就是日趋复杂的电子通讯设施。1927年，白宫增盖了第四层——生活区。至此，白宫已经基本演变成了今天的样子。

白宫里，除了总统办公区以及总统家人正在居住的房间，白宫的生活区是向公众开放的，每年大约有150万人参观白宫，这也是美国所推崇的民主精神的具体体现。第一任总统乔治·华盛顿在任职的第二周就吩咐助手，他将每周两次会见来访的客人。1801年，杰斐逊担任总统后出来会客时，不论相识与否，一概伸出手来和客人握手。杰斐逊的做法延续了50余年，林肯在任期间将此传统发扬光大。白宫秘书的记录表明，林肯曾用右手与来访的客人一直握手，到后来整个手臂完全麻木了。但是，随着总统处理的事务日益繁剧，与游客会面逐渐发生了困难。1901年9月5日，麦金莱总统在接待来访时遇刺身亡。从此，白宫主人和参观者的日常会见就停止了，但在固定时间普通游人仍可以继续参观白宫。

白宫共占地7.3万多平方米，由主楼和东、西两翼三部分组成。主楼宽51.51米，进深25.75米。底层有外交接待大厅、图书室、地图室、瓷器室、金银器室和白宫管理人员办公室等。

外交接待大厅呈椭圆形，是总统接待外国元首和使节的地

小贴士　开间: 房屋的竖分隔, 不是由墙标识, 而是用如窗、柱和扶壁等其他方式来标识。

方，墙上挂有描绘美国风景的巨幅环形油画；地上铺有天蓝色的椭圆形的花纹地毯，上面绣着象征美国50个州的标志图案。

图书室约60多平方米，室内的桌、椅、书橱和灯具等均按19世纪早期风格布置。室内藏书多为美国各个时期著名作家的代表作。此外，这里还存有美国历届总统的相关资料。在藏书柜旁的墙上挂着五幅印第安人的画像，以纪念当年美国总统在白宫与印第安部落代表团的会晤。

图书室对门是器皿陈列室，它的隔壁是瓷器收藏室，藏有各种精致的英、法式镀金银制餐具和镶金银器。这都是历届总统用过的瓷制餐具，其中有一套从中国进口的名瓷。里面最早的藏品是1789年以前华盛顿总统在费城和纽约用过的瓷器，还有林肯用过的一只金边瓷盘也在其中。

在地图室珍藏有各种版本的现代地图集和一幅18世纪绘制的地图，十分名贵。二战期间，这里曾是罗斯福总统研究战争形势的密室。从1970年起，此处已改为接待室。

白宫主楼一层的北面设立着白宫的正门，进门后是宽敞的门厅，为大理石结构。墙面、地板和柱子都是大理石制造的，气魄宏大，高贵大方。门厅四周的墙上挂着20世纪美国总统的肖像。

出了门厅依次为东大厅、绿厅、蓝厅、红厅和宴会厅。东大厅是白宫中面积最大、装饰最豪华气派的厅堂，它长约24米，宽约11米，可容纳200多人。这里有宽敞明亮的落地长窗，光洁的橡木地板，巨型的水晶吊灯和烛台，钢琴的桃木琴腿上雕饰着四只金鹰，18世纪名画家吉尔伯·斯图亚特的传世名作——华盛顿及其夫人的全身像悬挂在墙壁上。这里曾是美国总统及其家属举行婚丧大事的会场，现在，此厅供美国总统举行宣誓就职仪式、记者招待会、酒会、圣诞舞会等使用。有时，在节日和周末，也请文艺界和体育界的名流在此聚会表演。

绿厅因以绿色基调装饰而得名。它的四壁都是绿绸装饰的水彩画，地上铺的是生产于19世纪的土耳其绿色地毯。厅内陈设具有美国早期风格，挂有富兰克林的肖像。当年，杰斐逊总统曾将绿厅用做餐室，门罗总统常在这里打牌消遣。现在，它是美国总统的客厅，总统常常在此举行正式酒会。

蓝厅以蓝色调著称。窗帏是蓝色的，坐椅靠背和坐垫是蓝色的，窗外的天空也是蓝色的。站在蓝厅的南窗前，白宫南草坪尽收眼底，稍远处的喷泉掀珠溅玉，高大的华盛顿纪念碑高耸入云霄。厅内陈列有19世纪的中国地毯，法国的镀金椅子，路易十六时代的镀金桌子等名贵之物。在中间窗户的侧面墙上，是一幅托马斯·杰斐逊的胸像油画。

>>> 白宫正立面。

　　蓝厅的西隔壁就是红厅，一般用来做会见宾客的接待室。红厅名副其实，四面墙壁都用红色的绸子装饰，色彩强烈，卓尔不群，多由总统夫人使用。厅内四壁上的红绸水彩画与麦迪逊总统夫人的红色肖像交相辉映，按19世纪前期法国宫廷样式来装饰。室内家具十分名贵，其中有一架1805年的法国枝形吊灯和一张1850年英国制造的红、褐、蓝、金四色地毯。

　　走出红厅，白宫的西尽头就是宴会厅。这是白宫的第二大厅，以其华丽的装饰和精致的餐具著称，家具全为橡木所制作，可同时宴请140位宾客，是举行国宴的地方。厨房在地下室，可用升降机将食品送到宴会厅。厅中的设计与装饰均采取19世纪初英国摄政时期的风格。墙中间挂着林肯的肖像。壁炉上方刻有美国第二任总统约翰·亚当斯在迁居白宫后的第二个夜晚所写的一封书信中的名句："我祈祷上苍赐福于这宅邸以及所有来日居于此间的人。愿白宫主宰者皆为诚实、明智之人。"

　　主楼二层，是总统的私人生活区和贵宾留宿之地，不向公众开放。主要有林肯卧室、皇后卧室、条约厅、地图室和总统夫人起居室、黄色椭圆形厅等。皇后卧室，以玫瑰色和白色为主调加以装饰，曾接待过英国伊丽莎白女王、荷兰女王等贵宾。

>>> 林肯(左三)召开废除奴隶制的部长内阁会议。

　　在主楼两侧的白宫西翼是由西奥多·罗斯福总统主持，于1902年建成的。东翼则由富兰克林·罗斯福总统主持，于1941年建成。其中最主要的厅室是西翼内侧的椭圆形总统办公室。它是白宫西翼的核心，是20世纪美国总统日常办公的地方。这里宽敞明亮，长方格子的玻璃门窗上悬挂着金黄色的巨幅窗帷，地上铺着一块巨大的蓝色地毯，地毯正中织有美国总统的金徽图案：50颗星排列成圆形，环绕着一只鹰。办公室后部两侧分别竖立着美国国旗和总统旗帜。正面墙上是身着戎装威容凛然的华盛顿油画像，两边摆着两只雅致的中国古瓷花瓶。办公室左边墙架上陈设着外国贵宾赠送的礼物。总统的大办公桌上放着这样一条座右铭："这里要负最后责任。"

　　白宫的南面，是一个由粗大的乳白色石柱支撑的宽大门廊，正面4根，旁边各2根。门廊的正前方就是有名的南草坪。总统的直升飞机可在此起落。由于白宫坐南朝北，南草坪就成了白宫的后院，通称为总统花园。园内，灌木如篱，绿树成荫，草坪中有一水池，池中喷泉喷珠吐玉，高可数丈。池塘四周的花圃里，姹紫嫣红。国宾来访时，都要在南草坪举行正式欢迎仪式。每年春天的复活节时，总统的夫人都要在这里举行传统的游园会。这通常也是美国总统接待尊贵来客的地方。

　　白宫每星期二到星期五对外开放。供游人参观的部分主要是白宫的东翼，包括底层的外宾接待室、瓷器室、金银器室和图书

室，一楼的宴会厅、红厅、蓝厅、绿厅和东大厅。虽然在白宫130多个房间中，只有10余个房间开放，但丝毫不影响它的吸引力。

 品读札记

在200年岁月中，白宫风云深深影响了整个世界的历史，白宫建筑群也成了历史性建筑。它最初建成时带有浓厚的英国建筑风格，在随后数年不同总统的修缮中渐渐融入了美国建筑的风格。它庄重而美丽，雍容华贵而又落落大方；它的内部装饰、布置，华丽而有度，古雅而不俗，堪称为是建筑史上的杰作。

8 法兰西帝国的交响
>>> 巴黎凯旋门

>>> 凯旋门中央券门内宣扬拿破仑赫赫战功的浮雕。

人文地图

凯旋门，雄踞在巴黎市中心，是由历史上叱咤风云、不可一世的拿破仑兴建的。它仿照古罗马时期的建筑风格，简洁宏大，壮阔恢弘，高昂着浓烈的拿破仑时代的英雄主义气概，成为法国标志性建筑。

品读要点

自文艺复兴运动以来，经过漫长的发展和斗争，资产阶级终于19世纪占据了西方政治舞台的中心。他们雄心勃勃，意气风发，要按照自己的政治、经济、文化理想来重新规划整个世界。与这种时代气氛相应，也要创造一种与封建王权时代截然不同的

"帝国风格"建筑：18世纪末、19世纪初，法国建筑从罗马帝国雄伟、庄严的建筑中找到灵感和样板。如凯旋门、纪功柱、军功庙等。它们尺度巨大，外形单纯，追求形象的雄伟、冷峻和威严。

建筑艺术。然而此时，各方面的物质与技术条件尚不具备，现代建筑还处于萌芽时期，人类还暂时无法创建一种全新的建筑风格与模式。因此，回到古代的经典建筑中去寻求灵感，成为一种很自然的选择。特别是18世纪中叶以后，考古发现将大量古希腊、古罗马的建筑遗址展现在世人面前，它们又一次引起了人们对古代建筑文化的浓厚兴趣。所有这一切都促发一股复古的浪潮，即复兴古典建筑风格。

法国是欧洲资产阶级革命的中心，经过18世纪末期资产阶级大革命的洗礼，原来流行的洛可可式建筑柔靡繁缛、阴柔细腻的风格，已经不符合资产阶级大革命时代的发展要求，时代呼唤着一种庄严朴直、大气磅礴的，张扬着浓烈英雄主义的建筑风格。法国的建筑造型与装饰，排除了华丽、纤弱之风，日趋简洁与庄重，出现了新的变革。变革后的建筑风格，总称为"帝国风格"。此种风格的崛起和拿破仑的倡导有着不可分割的关系。它的兴盛与衰败始终都与拿破仑的命运紧紧联系在一起。拿破仑有意把自己取得政权并在欧洲四处征讨的作为和古罗马帝国用强大的军事力量四面扩张的威武相映照，以给自己的赫赫武功戴上灿烂的光环。他兴建了许多古代罗马风格的建筑物，如凯旋门、雄狮柱、军功庙、演兵场等，都是以罗马帝国雄伟庄严的建筑为灵感和样板。它们尺度巨大，外形单纯，追求形象的雄伟、冷静和威严。其中最为壮观、最为著名的就是凯旋门了。这是拿破仑为了纪念他在1805年大败俄奥联军的奥斯特利茨战役的辉煌功绩而于1806年2月下令兴建的。凯旋门是古罗马时代建造的一种纪念

>>> 从协和广场远眺凯旋门，中为香榭丽舍大道。

>>> 巴黎凯旋门是拿破仑为了表彰他的战功而修建的。

性建筑。在巴黎的凯旋门并非仅此一座，在法国的许多城市也都建有凯旋门，它寄托了法国人的骄傲与梦想，巴黎凯旋门是欧洲100多座凯旋门中最大的一座。

但拿破仑本人并没有亲眼看到凯旋门的落成。滑铁卢战役后，拿破仑被反法联军推翻，并流放到圣赫勒拿岛，凯旋门的工程也终止了，直到波旁王朝覆灭后才又重新复工，这中间断断续续经过了30年，终于在1836年建成。虽然当初倡建它的英雄陷入了穷途末路，凯旋门的名字也由原来的"雄狮凯旋门"改为"明星广场凯旋门"，但凯旋门一直高高耸立在巴黎市中心，并寄托了法国人更为高远的骄傲和梦想。

1920年11月，第一次世界大战后，在这座宏伟的凯旋门下又修建了一座"无名烈士墓"，里面埋葬着一位在这次大战中牺牲的无名战士，他代表了整个大战中死难的150万法国官兵。墓是平的，地上嵌着红色的墓志，上写："这里安息的是为国牺牲的法国军人。"在烈士墓前有一盏长明灯，终年不灭，每天晚上都会准时举行一项拨旺火焰的仪式。几乎每天都有人来此献花来悼念死难的将士。这为凯旋门又增添了一种悲壮的豪情。

现在，每逢重大节日，凯旋门的拱门顶端就会悬挂一面10多米长的法国国旗，在无名烈士墓上空迎风飘扬。威武的护旗手，身着拿破仑时代的戎装，手持劈刀，守卫在凯旋门上的《马赛

>>> 凯旋门是"帝国风格"建筑的代表作之一，也是巴黎的标志性建筑。

曲》雕像前。

　　在每年的7月14日，也就是法国欢度国庆时，现任的法国总统都要从凯旋门里通过，和欢乐的市民一起庆祝节日。每位总统在其卸职的最后一天也会来此，向无名烈士墓献上一束鲜花，作为自己卸任的纪念。而凯旋门最为奇特之处，据说是每当拿破仑周年忌日的黄昏，从香榭丽舍大道向西望去，一团落日恰好映在凯旋门的拱形券里，似乎在追念这位戎马倥偬、风云一生的传奇英雄。

　　凯旋门正如其名，是一座迎接外出征战的军队凯旋而归的大门，是帝国风格的代表建筑，它是现今世界上最大的一座圆拱门，位于巴黎市中心戴高乐广场中央的环岛上面。这座广场也是配合雄狮凯旋门而修建的，因为凯旋门建成后，给交通带来了不便，于是就在19世纪中叶，环绕凯旋门一周修建了一个圆形广场及12条道路，每条道路都有40～80米宽，呈放射状，就像明星发出的灿烂光芒，因此这个广场又叫明星广场。凯旋门也称为"星

门"。凯旋门就位于著名的香榭丽舍大街的尽头。凯旋门的设计人原来是夏格朗与赖蒙，因意见不合，两年后赖蒙辞去，于是凯旋门最后按照夏格朗的设计完成。

凯旋门以古罗马凯旋门为范例，但其规模更为宏大，结构风格更为简洁。整座建筑除了檐部、墙身和墙基以外，不做任何大的分划，不用柱子，连扶壁柱也被免去，更没有线脚。它高49.4米，宽44.8米，厚22.3米，尺度超过罗马时期的著名同类建筑君士坦丁凯旋门一倍之多，也是巴黎其他凯旋门所不能比的。

凯旋门摒弃了罗马凯旋门的多个拱券造型，只设一个拱券，简洁庄严。拱券高36.6米，宽14.6米。拱券门内刻有曾经跟随拿破仑远征的386名将军的名字，女墙上镌刻着法国资产阶级革命时期和拿破仑帝政时期重要的胜利战役的名称。在拱门的上端，6块描绘历次重大战役的浮雕装饰其上，东西两侧还有4组尺度巨大的浮雕，人像都有五六米高，格外庄严、雄伟。本来4块浮雕都打算由著名的浪漫主义雕刻大师弗朗索瓦吕德设计，但后来实际只采用了他设计的《马赛曲》，其余的《1810年的胜利》、《和平》和《抵抗》分别由不同的艺术家来完成。《马赛曲》在其中最为著名和精美。它刻在凯旋门右侧面向香榭丽舍大街的一面石柱上，也叫《1792年志愿军出发远征》，这是一个不朽的杰作，取材于1792年马赛人民奋起反抗奥国军队武装干涉法国革命的爱国场面。浮雕以完整的构图、连续的韵律和鲜明的主题打动着每一位观众，为雄伟的凯旋门增添了耀眼的光彩。

凯旋门内设有电梯，可直达50米高的拱门。人们亦可沿着273级的螺旋形石梯拾级而上。在上面设立着一座小型的历史博物馆。馆内陈列着关于凯旋门建筑史的图片和历史文件，以及拿破仑生平事迹的图片。另外，还有两间电影放映室，专门放映一些反映巴黎历史变迁的资料片，用英、法两种语言解说。游人们还可以上到博物馆顶部的大平台，从这里可以一览巴黎的壮美景色，欣赏到香榭丽舍大道的繁华景象、埃菲尔铁塔的英伟风姿以及塞纳河畔巴黎圣母院、圣心教堂等胜迹风情。

 品读札记

凯旋门仿照古罗马时期的同类建筑，体形庞大，结构简洁，进深宽厚，威武雄壮，洋溢着朴实宏伟的"帝国风格"，充分体现了拿破仑借

着古代罗马帝国的英雄主义，宣扬自己激越豪情的审美风尚。它本身就坐落在高地上，四周大多是平整的大道，更显其高昂壮阔的气势，令人产生崇敬之情。

9 音乐浇灌之花
>>> 巴黎歌剧院

人文地图

　　巴黎歌剧院作为全世界最大的歌剧院之一，其建筑将古希腊罗马式柱廊、巴洛克等几种建筑形式完美地结合在一起，规模宏大，精美细致，金碧辉煌，被誉为是一座绘画、大理石和金饰交相辉映的剧院，给人以极大的美的享受。

品读要点

　　巴黎歌剧院位于巴黎市中心的歌剧院广场，正式名称为巴黎艺术学园。自建成后它的名称经历过许多变化：1791年以后叫做"歌剧剧院"，1794年改名为"艺术剧院"，1804年又变成"帝国音乐学会"，而在1814年以后变为"皇家音乐学会"。在非常时期，它还充任过押禁囚犯的拘留所。这从一个侧面反映了政治风云对它的影响。其实，在1790年以后的10年间，巴黎歌剧院已收归巴黎市政府管辖，但10年后，随着拿破仑登上法国皇位，巴黎歌剧院又成为他的私人辖有。从1802年起，拿破仑就掌握着歌剧院所代表的文艺界的决定权，只有他才能够决定是否投资于一部新歌剧的制作和具体剧目的上演。他的内政部长也拥有强大的否决权。在1807年，拿破仑试图恢复歌剧院在过去的年代中曾经充当过的角色——成为绝对听命于他的国家附属品。他于1811年

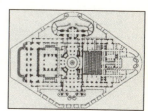

>>> 巴黎歌剧院平面图。

>>> 巴黎歌剧院内景。巴黎歌剧院是当时欧洲规模最大，室内装饰最为豪华的歌剧院。

强迫其他较小的剧院向巴黎歌剧院缴付资金款项，歌剧院因此得到了很大的扩张。

巴黎歌剧院的原址是太阳王路易十四兴建的，但在1763年遭遇大火，歌剧院被焚毁了。剧院就迁往杜伊勒利宫内。直到6年后，才迁回原址。1781年6月，新建的剧院又遭回禄之灾。此后近100年，巴黎歌剧院一直处于动荡之中，灾祸频仍。直到第二帝国时期，拿破仑三世想在巴黎盖一座举世无双的大歌剧院。他想创造一种能够代表自己时代风格的建筑，借此粉饰太平。为此，在1860年，拿破仑三世为歌剧院的建筑设计举行了一场竞赛，有170多件作品参选，就连皇后也亲自设计了一个。最后脱颖而出的中标者，是当时还名不见经传的铁匠之子——夏尔·加

洛可可建筑：出现于18世纪的法国。与以往的建筑风格相比，这是一种最温柔、最细腻、最纤巧、最琐碎的格调。它极力表现的是女性的优雅和柔美，风格轻盈纤巧，充满了脂粉气。

尼埃。加尼埃在研究了几百年来欧洲各地的剧院建筑、考察了各种视听效果之后，创出一种"拿破仑三世"的风格并深得拿破仑三世的赞赏。实际上，这一设计在风格上是法国折中主义最典型的代表。所谓折中主义是19世纪上半叶到20世纪初，在欧美一些国家流行的一种建筑风格。倡行折中主义的建筑师往往任意模仿历史上已有的各种建筑风格，并进行自由组合，他们不讲求固定的法式，只讲求比例均衡，追求纯粹的形式美。这种风格的兴起是和时代的发展密切相关的。随着社会的逐渐发展，需要有丰富多样的建筑来满足各种不同的要求。在19世纪，交通的便利，考古学上的进展，出版事业的发达，以及摄影技术的发明，都有助于人们更深入全面地认识和掌握以往各个时代和各个地区的建筑遗产。于是，在许多国家和城市就出现了希腊、罗马、拜占庭、中世纪、文艺复兴和东方情调的建筑杂糅并存的局面。

折中主义建筑在19世纪中叶的法国最为典型，巴黎高等艺术学院是当时传播折中主义艺术的中心。而到后来，又转移到美国开花结果了。总的来说，折中主义的建筑思潮是倾向于保守的，因为它们大多没有跳出以前的固有模式，没有跟上迅疾发展的新浪潮，缺乏对新建筑材料的认识和新建筑技术的使用，没有创造出与之相适应的新建筑形式。

巴黎歌剧院是折中主义建筑的代表作，它是法兰西第二帝国时代的重要纪念物，剧院立面仿意大利晚期巴洛克建筑风格，并掺进了烦琐的雕饰，对欧洲各国建筑有很大影响。它的用材极为讲究，装饰繁复富丽，铺设的大理石，连花纹纹理的搭配都十分考究。据说加尼埃曾为此周游欧洲大陆，遍觅石材。所以整座剧院里里外外都是珠光宝气，雍容华贵。

剧院于1861年开工，但当工人挖掘地基时，发现在地下有大量的地下水。为此，进行了8个月的抽水工作，将水位降到地下近4层的深度，地下第5层作为水道，工程才得以继续。直至今日，巴黎歌剧院的地下仍有一个人工湖。经过10多年的建设，巴黎歌剧院终于完工，总面积达到1.1万平方米。

巴黎歌剧院的外观分为3个层次，王冠形穹顶、三角形山墙和正立面的柱廊。主建筑的4个顶角是4个完全相同的塑像，它们环绕着一个半圆形的穹顶，而穹顶最上方还端立着一个皇冠一样的小顶，好像给歌剧院戴上了金光闪烁的帽子。穹顶下方，歌剧院的正面是一排宏伟的柱廊，构图基本上模仿了卢浮宫的东廊，上面雕刻着精美的卷曲草叶花纹

装饰的混合物。从前方大街上不同距离处望去，都能看到歌剧院相当完整的轮廓。

由正面或西侧门可进入到歌剧院内部。建筑物的中央就是观众厅。观众厅是一个巨大的法国马蹄形多层包厢式，据说这样的设计可使室内的视线效果和演出效果达到最佳，保证观众享有良好的音质。观众厅包括有池座、散座和4层包厢，共计2150个座位，歌剧院1万多平方米的阔大面积保证了观众席的宽敞和舒适。池座宽20米，深28.5米。楼座三面是4层的包厢，可由中央楼梯或两侧的红木梯通向各层座位，在楼梯厅的后面有一个圆形大厅和一个休息厅，观众在演出间隙，可以在此休息、聊天，舒适而惬意。

巴黎歌剧院有着全世界最大的舞台，它宽32米、深27米，台口部分宽为16米、高13.75米，前、后台都很宽敞，可同时容纳450名演员在台上演出。舞台的台面略微向观众厅倾斜，并比观众厅高出0.95米。为了便于布景，歌剧院的舞台上方有33米高的净空，设有升降台等机械设备，可以吊装各种布置。它是第一个把这高起的部分表现在外形上的剧院，这大大拓展了舞台的表现力。歌剧院后台的设计也非常讲究，能够满足演员的各种演出需要。它设置了一条坡道，可以让送布景的车辆一直推进剧院内来，十分方便。许多演员都有专门的化妆室、浴室和厕所等。巴黎歌剧院舞台的设施

>>>巴黎歌剧院。

十分现代，显示出建筑设计的科学水平已经达到了相当的高度。这对以后的剧院建设有着深远的影响和启发，不愧是世界第一流的歌剧院。

巴黎歌剧院的室内装饰富丽堂皇、细腻柔媚。门厅的大楼梯用大理石建造，充满了巴洛克建筑的趣味。剧院内的雕塑、绘画、挂灯、烛灯等都华美精巧，充满着浓郁的洛可可风格。它的室内天花板、墙面、楼梯和每一处角落，如同一个个珠光宝气的首饰盒。还有1964年夏加尔画的天顶，精美绝伦，让人目眩神迷。

巴黎歌剧院的正门前还伫立着一座名为《舞蹈》的大理石雕像，它高达3.3米，是法国雕塑家卡尔波于1865—1869年间塑造的，为剧院增添了浪漫典雅的气质。雕像是为了庆祝巴黎歌剧院的建成而做的。当初，为了塑造出最符合歌剧院的设计，卡尔波收集了许多资料，还不辞辛苦地去歌剧院里写生，以便最鲜活地记录下芭蕾舞演员们表现出的各种曼妙姿态。最后，卡尔波从文艺复兴时期的拉斐尔和米开朗基罗的古典主义作品中得到启发，终于创造出我们现在所看到的雕像。他摆脱了雕塑的象征含义与道德概念，直接把具体的生活情景艺术地表现出来。整个雕像刻画的是一群迸发着青春活力和生命激情的青年男女舞者翩翩起舞的姿态，它那旋转性的律动与青春狂欢的运动组合，被巴黎人誉为"天使的舞蹈"。

巴黎歌剧院是世界最大的表演正歌剧的剧院，设计师虽然反对当时建筑界中流行的模仿古建筑的风气，但歌剧院也深深烙刻着过去的痕迹。它的正面显然模仿卢浮宫东面，室内大楼梯则模仿波尔多剧院的，但它们都比原型华丽复杂得多。它的内外大量堆砌着巴洛克式的装饰，使用了法国出产的各种颜色的大理石，有白、蓝、红、绿、玫瑰色等，营造出极为灿烂堂皇的色彩。歌剧院的平面设计巧妙精致，虽然大多数人认为，建筑物以平面出现很难吸引人，但这个设计却不同凡响，耐人寻味：它表明建筑师在安排每种功能、每个空间、每个细部的精心和匠心。在风格上，巴黎歌剧院是奢华的历史主义的一大成功。它本身所体现出的"建筑艺术多元化理论"对欧洲其他国家颇有影响。现在，巴黎歌剧院经过再次的修饰，焕然一新。每天它的大厅都向游客开放，去领略一番，绝对会获得不凡的感受。

品读札记

　　巴黎歌剧院是19世纪法国折中主义建筑的丰碑。整个建筑以意大利的巴洛克风格为主，杂糅着古典主义手法，并拼贴着一些洛可可装饰。建成后立刻成为新艺术风格的标志，对法国及现代欧洲的折中主义建筑产生了巨大的影响。

随着工业革命的迅猛发展，建筑艺术也发生了巨大的变化。人们对建筑提出了新的要求：舒适和实用。它在建筑形制、材料和功能方面产生了巨大变革，成为现代社会的象征。

现代主义建筑萌芽于19世纪下半叶。水晶宫是19世纪的第一座抛弃石头而建成的建筑，体现了现代建筑简单、明快的特点。是它揭开了现代建筑的序幕。法国的艾菲尔铁塔打破了传统的石头作为建筑原料的核心地位，促成了现代建筑的形成。包豪斯校舍是现代建筑的杰作。其风格简洁、几何化和高度精致，开启了现代建筑的新纪元，具有里程碑意义。

两次世界大战期间，现代建筑已经占据了主导地位。建筑的国际化式样传播到世界各地。摩天大楼是现代建筑的伟大成就。简洁平整的摩天大楼适应了现代城市人口密集、用地紧张的需要。联合国总部大厦是这种建筑的代表。

此外西班牙巴赛罗那神圣家族教堂、美国纽约的古根海姆美术馆、澳大利亚的悉尼歌剧院、法国的朗香教堂也是现代建筑的典型代表，具有现代建筑简单、清新、明洁、朴素、工业化等特点。

品读

快速读书法

◎ 第 六 章

现代建筑

（公元 19 世纪末—20 世纪末）

# 1 19世纪的第一座新建筑
>>> 水晶宫

人文地图

　　水晶宫被誉为是19世纪第一座新建筑。在此之前，欧洲的建筑都是由厚重的石头砌成，而它主要由铁架和玻璃构成，明亮轻灵、晶莹剔透、宽阔轩敞、生机盎然，使人耳目一新，叹为奇观，从根本上改变了人们对建筑的传统观念，揭开了现代建筑的序幕，推动了现代建筑的发展。

品读要点

　　"水晶宫"是一座展览馆，专门为1851年在伦敦举行的第一届世界工业产品博览会而设计建造的。它的出炉还经过了一番曲折。那是在1850年，为了显示英国工业革命的成果和推动科学技术的进步，为了炫耀大英帝国从各个殖民地获取的丰富资源，当时在位的维多利亚女王和她的丈夫阿尔伯特公爵决定在伦敦海德公园举行一次国际博览会。距离第一届伦敦世界博览会召开只有不到一年的时间了，但展会大厅的设计方案却一直没有着落。虽然，筹委会向世界各地的建筑师发出征集邀请，但收回的245个方案却都不能满足要求，除却审美方面的因素，最重要的是，这些方案没有一个能够建造出来。因为建造这些房屋最少也需要生产和砌筑1500万块砖，但这样大的工程根本就不能在余下的9个月内完成。展览会开幕的时间是如此迫近，筹委会陷入了一个非常尴尬的境地。

　　正在此时，一位名叫帕克斯顿的铁路公司理事来到了伦敦。他原是一个农场主的儿子，年轻的时候，曾为一位公爵设计了一座专门用于养

殖名贵植物的玻璃大花房。一些深知其才华的朋友建议他尝试为困境中的博览会设计出一个可行的方案。帕克斯顿同意试一下。他从以前设计的玻璃花房中寻找到灵感，以此为基础，经过进一步的构思，不到10天的时间，帕克斯顿就设计出一个方案。这个方案看起来很简单，就是用生铁搭建出一个梁柱屋架，然后通体镶嵌上玻璃，整个建筑就像是一个巨大的玻璃花房，覆盖面积很大，而且不需要任何的砖瓦、木材，可以快速建成，也可以方便地拆去，完全符合博览会的要求。当评委们看到这个方案时，不禁目瞪口呆，为这个大胆构思而惊异，因为这和以前的方案相比

>>> 水晶宫内部。水晶宫以轻快的形象代替了传统建筑的稳定外观，使人耳目一新。

简直是太匪夷所思了，好多人当即就否定了。但这个方案却可以解决当时最棘手的时间问题。因为建筑物所需的生铁骨架和玻璃可以直接在工厂按尺寸加工之后直接拉到工地上，然后像搭玩具一样组装起来就可以完成了。这些预制的构件，既快又便宜，根本无须太多时间和人力。经过一番争议，帕克斯顿的方案终于以它突出的优点被筹委会接受了，他们决定进行一次历史上未曾有过的"危险"尝试。几家工厂共同制作，分别完成了搭建房屋所需要的3300个铁柱子、2224根铁梁、300000块玻璃板和330千米长的木条，并在大会举办的地点——伦敦海德公园建造起来。为了加快玻璃板的安装工作，帕克斯顿在水晶宫的大铁梁上开了一些槽子，以便使滑轮车能够沿着槽道上上下下，把一块块玻璃轻捷地运送到装配工人手里。为了便于运输和安装，每一部件重量都小于一吨，所用的玻璃尽可能地扩大尺寸。这样传统工程建设中的繁复工作简化为单纯地安装预制件，不但节省开支，而且大大缩短了工期，仅仅8个月时间就奇迹般地全部完工了。这样，第一届伦敦世界博览会终于在1851年5月1日如期开幕。

博览会吸引了来自世界各地的600多万参观者，赢利达到75万美元。人们置身在水晶宫广阔透明的空间里，就像在大自然之中，不辨内外，目极天际，其璀璨新奇的艺术效果轰动一时。随后欧洲相继举办的博览会，几乎无一例外地都采用这种铁架玻璃结构，以解决陈列和采光问题。设计师帕克斯顿本人也因此工程被封为爵士。

展览会结束后，水晶宫被拆开运到伦敦南部肯特郡塞登哈姆的一座精致的园林中，按照更为精致的设计进行了重新组装，将中央通廊部分原来的阶梯形改为筒形拱顶，与原来纵向拱顶一起组成了交叉拱顶的外形。它成为一个举行各种演出、展览会、音乐会和其他娱乐活动的场所。它还成为一个有名的景点，附近的一条铁路专门运送来自伦敦的观光客。

1936年11月30日晚，一场大火将水晶宫毁于一旦，残垣断壁一直保留到1941年。我们现在只能从照片和图画中凭吊它的风采了。水晶宫诞生的年代，人们的建筑观念还停留在古典的希腊立柱、哥特式拱形等传统模式上，水晶宫却不曾使用一砖一石，全部由玻璃和铁制成，在许多人眼里成了不伦不类的怪物。他们不承认它是建筑而讽刺说它仅仅是一个巨大的花房。还有许多人从形式上和所谓工程测试方法上预言水晶宫过不了多久就会倒塌，因为它基础不牢固，没有挡风措施，梁柱构架缺乏刚性，等等。它所采用的新材料和新技术，直到半个世纪之后，才逐

渐得到人们的承认和使用。

　　水晶宫造型简单，大气磅礴，是一个阶梯状的大长方形建筑。顶部是一个垂直的曲面拱顶，下面有一个高大的中央通廊，外面则是由一系列细长的铁杆支撑起来的网状构架和玻璃墙面组成。这是帕克斯顿按照植物园温室和铁路站棚的样式而进行的设计。它长为563米，合1851英尺（这是为了纪念建造的时间——1851年），宽124.4米，高20.13米，建筑面积7万多平方米，相当于梵蒂冈圣彼得大教堂的4倍，是当时世界上最大的单房建筑。由于屋顶很高，海德公园原来生长的榆树都没有砍去，直接保留在宫内，成了室内装饰的植物。

　　水晶宫共用去铁柱3300根，铁梁2300根，玻璃9.3万平方米。竖立的柱子的间距为2.4米，合8英尺，当时英国生产的玻璃最大长度是4英尺，这样两柱之间就装上两块玻璃，这比那些砖

>>> 水晶宫。它是随着时代的发展应运而生的，它的一切都是当代的象征和未来的前兆。

瓦制造的柱和梁架的截面积小得多。据计算水晶宫所有的柱子和墙身仅占建筑面积的千分之一，看起来就只有铁架和玻璃，内部没有任何多余的东西。整个建筑简洁利落，通体透明，宽敞明亮，在阳光的照耀下显得晶莹多彩，就像是童话中的水晶宫殿，所以后来人们就把这个展览大厅称为"水晶宫"。清朝一位官员在参观后评论说："一片晶莹，精彩炫目，高华名贵，璀璨可观。"还有人陶醉地追忆说，徜徉其中的感觉如同是"仲夏夜之梦"，让人忘了身外世界。

英国水晶宫的建造在建筑史上具有划时代的意义。19世纪以来，建筑技术有了革命性的突破发展。钢材、砼等新材料的运用，使得有关建筑的所有想法都似乎成为可能。机器成了新建筑风格的塑造者；技术为建筑产品的新材料提供了直接来源；非专业的建筑师取代了原来建筑师的地位成为建筑的革新者。传统的坚固、实用和美观三位一体的建筑美学观念第一次受到了严峻的挑战。新技术拓展的空间使这个时代的建筑师重新去认识建筑本身的内涵。

水晶宫是随着时代的发展应运而生的。它所负担的功能是全新的、多样的，是传统建筑所无法满足的，是当时最具影响力的建造。它要求巨大的内部空间，最少的阻隔，快速建造，造价节省。它在新材料和新技术的运用上达到了一个新高度，实现了形式与结构、形式与功能的统一，摈弃了古典主义的装饰风格，向人们预示了一种新的，轻、光、透、薄的建筑美学，开辟了建筑形式的新纪元。它的外形是革命性创举，结构上用预制构件所造，具有非固定的特点，覆盖面积可大可小可长可宽，灵活多变，非同寻常。它的一切都是当代的象征和未来的前兆。

>>> 伦敦水晶宫内景。

一位著名的建筑评论家说过："现代建筑的历史不仅是建筑自身物质意义上的，也是对其重新认识和争辩的历史。"新观念的建立、争辩和发展贯穿着整个20世纪。新的建筑样式反映了社会、经济和文化的冲击，代表着新的生活观念和时尚，即使在美学意义上没有达到完美经典的境界，但其独特的原创性，给后人带来无限想象力和启蒙意识，推动了一个新时代的开始。

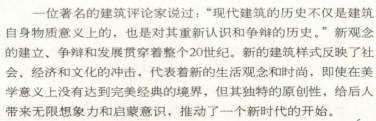

盲窗：墙面的一种装饰性设置，构成窗户的一部分，但无窗洞，最初使用于中世纪。

小贴士

品读札记

水晶宫以轻快的形象替代了传统建筑的稳定外观，使人耳目一新。在材料上用钢铁和玻璃取代传统的土、木、石砖等，而且都是可现场装配的预制构件。这是史无前例的。施工方面则用铆、套和螺钉等的连接、紧固代替传统的砖石砌叠技术，把房子当成机器一样安装，完全表现出工业生产的机器本性，从多方面突破传统建筑观念，开辟了建筑形式新纪元。这幢建筑的几何形状、模数的机械重复以及坚硬晶莹的玻璃壁，预示了20世纪设计的发展，对后人影响巨大。

2 工艺美术运动的杰作

>>> 红屋

人文地图

红屋是英国一幢私人住宅，由红色的砖墙堆砌。粗看起来，它没有令人炫目的外表，也绝少装饰，沉实而素净。但它却是19世纪工艺美术运动的重要代表作，其简约无华的建筑风格寄托着建筑师独特的艺术追求，包含着丰富的艺术内容。

品读要点

位于英国肯特郡的"红屋"，是19世纪"工艺美术运动"在建筑上的代表作。所谓"工艺美术运动"是19世纪中后期出现在英国的美术流派，主要创始人是拉斯金和莫里斯。该运动反对新兴的机器制品，追求艺术的手工艺效果和自然材料的美。在建筑上，它主张用"浪漫的田园风格"来抵制机器大工业对"人类艺术"的破坏，同时也力求摆脱古典

建筑形式的束缚。

19世纪以来，英国在工业革命之后，出现了大规模的机器生产，极大地推动了社会经济和商业的发展。农业文明正在被工业文明所替代，新旧更替并不仅仅是体现在时间上，它还体现在生产方式、生活方式、审美观念以及每天所使用的日用品中。旧的生活方式开始瓦解，机器化、商业化越来越对人的生活产生作用。大机器生产给艺术界也带来了深远的影响，商人们开始信奉产品的"艺术性"是可以从市场上买到并大规模地运用到工业上去的东西。艺术成为可以标准化、批量化、统一生产的产品。许多商家往往不惜损害产品的使用功能，借助新古典主义或折中主义的风格来附庸风雅，提升"艺术品位"，以此来抬高身价。满足公众需要的功用艺术家与清高自许的"唯美"艺术家之间出现越来越大的分裂。艺术开始远离生活，越走越远，成为一个纯粹精神的领域。

这种情况，引起了一些思想家和艺术家的关注，他们试图建立一种新的设计标准，提出了"美与技术结合"的原则。这就是"工艺美术运动"，其创始人是威廉·莫里斯。

莫里斯是19世纪末英国著名的社会活动家与艺术家，就读于牛津大学，毕业后从事建筑与美术设计工作。莫里斯有感于当时实用工艺美术品设计质量不高，主张美术家应该与工匠结合，艺术要与实用相融合。莫里斯一生始终厌恶机器和工业，始终站在工业生产的对立面。但他也反对沿袭过去。他的设计思想是"向自然学习"，他的许多工艺作品都以大自然的植物作为素材，自然清新、简洁舒畅、线条明确、装饰素朴。他认为这样才能设计制造出有美学质量的为群众享用的工艺品。

在莫里斯的带动影响下，英国出现了许多类似的工艺品生产机构。1888年，英国一批艺术家与技师组成了"英国工艺美术展览协会"，定期举办国际性展览会，并出版了《艺术工作室》杂志，使工艺思想在欧美各国得到广泛的传播。

莫里斯倡导并掀起的"工艺美术运动"，是世界进入现代工业社会后第一个有广泛影响的设计运动。它要求废弃"粗糙得丑陋或华丽得丑恶"的产品，代之以朴实而单纯的产品。但他把传统艺术美的破坏归结为工业革命的后果，主张把工业生产退回到手工业生产方式。这显然是违反时代发展潮流的，可是他却向人们提出了工业产品必须重视解决在工业化生产方式下如何保持艺术个性的问题。有人这样评价工艺美术运

>>> 红屋。红屋简约无华的建筑风格寄托着建筑师独特的艺术追求，包含着丰富的艺术内容。

动说："它用手工业向工业化挑战，以倒转时钟的方法来寻找答案是消极的。但它把城市、住宅和实用艺术品的艺术质量统筹考虑的思想是积极的。"

莫里斯虽然不是专业的建筑师，但他倡导的工艺美术运动却在建筑领域产生了很大的影响。欧洲的一些建筑师就是从他的工艺美术思想中得到启发，演变出"新艺术派"、"分离派"等建筑流派。

红屋是莫里斯的私人宅邸，是工艺美术运动的代表性建筑，由菲利普·韦伯负责设计，他采用了折中主义非正统的民居设计手法，建筑风格贯彻着工艺美术运动的思想和主张，与当时流行的白色粉饰的意大利式别墅非常不同。

红屋随意自然地栖身在肯特郡郊外的绿荫中，平面布局自由，并不追求对称的效果。房子用红砖建成。立面底部是长方形的白色格子窗，还有供出入的拱形门洞，而上部是几个圆形的格子小窗。朴素的屋顶几乎占到立面的一半。屋顶呈现出不同层次的坡面，主屋顶上矗立着挺直的烟囱。整个建筑有着17世纪英国乡间宅第的味道，绝少装饰，看上去毫不张扬。然而，正是这种不起眼的"普通"，传达了一种对私人住宅的新理解。它亲切朴

素，简约自然，没有流行的意大利式别墅的高贵冰冷，看似平淡中体现着涵养与艺术气质，透露着古朴雅致的风味。这种将功能材料和艺术造型相结合的尝试，对后来的新建筑运动有一定的启发。

建造一个这样风格的住宅，并不是房屋主人莫里斯心血来潮的随意之作，而是有着深刻的动因的。那还要追溯到1851年，莫里斯参观了在伦敦举办的万国博览会。与许多兴高采烈的参观者不同，莫里斯对于工业化生产的产品非常厌恶。据说，他在看到博览会里的重头之作——著名的"水晶宫"时，竟然放声大哭。莫里斯如此厌恶水晶宫那样的建筑，所以，1859年，当莫里斯兴建自己的住宅时，他和设计师合作，一反当时流行的中产阶级住宅的对称布局，建造出一幢功能良好、非对称性的住宅。他采用传统的红色砖瓦作为建筑材料，建筑结构完全暴露，而且表面不做任何粉饰。因为砖瓦都是红色的，所以这个住宅被称为"红屋"。莫里斯还自己动手设计了房屋内部的生活用品，从墙纸、地毯、灯具、餐具等，都具有浓厚的哥特特色。莫里斯用"田园式"的建筑来摆脱工业化和古典形式的羁绊。他主张复兴中世纪哥特式的风格，因为它是汇集了人类思想与艺术追求的"真挚"的产物。

"红屋"建筑及内部的用品，为一种新风格的建立奠立了良好的基础，是1860年前后在英国展开的工艺美术运动风格的成功范例。

"工艺美术运动"的建筑风格，是针对工业化批量产品的冲击，对抗像水晶宫那样的可以预制组装、批量生产的，完全技术化、工业化的"建筑产品"。认为那是丑陋而没有价值的赝品，它主张恢复人的手工技艺，反对机械化、工业化。建筑上适当保留旧有的传统建材和技术；装饰上反对矫揉造作、繁缛复杂的维多利亚风格，注重良好的实用功能。这也是我们今天所谓的"乡村风格"的起源。它反映了典型的英国乡村风貌，分布范围广，不密集，住宅的建造结合着手工艺的制作技艺，体现出明显的乡村特色而不是城镇特征。"工艺美术运动"所蕴涵的简洁、朴实、实用的艺术风格，其实也是"现代风格"的起源。

品读札记

红屋的建造体现了工艺美术运动的鲜明特点。它简洁质朴、自然清新，有着独特的艺术个性，鲜明地反映出建造者反对机械和工业化，主张诚实、诚恳的创作态度和力图复兴中世纪手工艺朴实、优雅的艺术追求。

3 未完成的旷世奇迹
>>> 神圣家族教堂

人文地图

神圣家族教堂是人类历史上最伟大的建筑之一，也是世界上最富神奇色彩的建筑之一。它造型奇特，斑驳陆离，奇幻宏丽。兴建至今已有100多年，但完成之期依旧遥不可及，被称为未完成的纪念碑。教堂幽深的尖顶、高耸的石柱有着惊心动魄的魔力，又使人联想到童话王国，威严中不乏诙谐，庄严中带有轻松，是西班牙巴塞罗那标志性建筑。

品读要点

神圣家族教堂简称圣家教堂，是西班牙现代派建筑大师安东尼奥·高迪的杰作。高迪是西班牙最有名的建筑师，在世界建筑史上也极负盛名。他将传统与现代融为一体，创造出奇幻怪异、不同凡响的另类建筑风格。神圣家族教堂是高迪生命中最后一件作品，但未待完成，高迪就不幸遭遇车祸去世了。

这个教堂高耸云端，俯瞰大地，是巴塞罗那的象征。高迪晚年亦为此献出了余生。事实上，高迪在生前，几乎是全心全意，把生命的最后一股精力，都倾注于神圣家族教堂了。他因沉迷创作而终身未婚，为了全心专注于神圣家族教堂的建设，还推掉了许多赚钱的工程。这位天才建筑师曾当街乞讨，以筹钱兴建神圣家族教堂。高迪生前清贫得一文不名，身后却留下了价值连城的文化财富。高迪自接手教堂设计后，几十年来一直潜心研究，力求达到最完美的成果。高迪曾经说过，他不急着完成教堂，因为

>>> 西班牙巴塞罗那神圣家族教堂。

他的"老板"并不急,"老板"指的是上帝。神圣家族教堂自1884年开始动工,直到1926年高迪逝世,43年间只建成一个耳室和一座塔楼。这未完成的工程,耸立在欧洲大地教堂的丛林中,却有着无与伦比的艺术魅力和惊心动魄的冲击力。它如此宏大壮美,如此精雕细琢,如此令人震撼,已成为巴塞罗那乃至西班牙最重要的保护文物,被列入世界文化遗产名录。

神圣家族教堂一开始,是由巴塞罗那另一位建筑师负责设计的,他的设计以传统的直线条为主。高迪接手时,工程已建到进门的高度了。于是,高迪从大门口的轮廓线起,全部改用曲线,他认为直线属于急切、浮躁的人类,曲线这种最自然的形态才永远属于上帝。高迪的神圣家族教堂,以手工艺的方式精心打造,所以花费的时间十分漫长。他的建筑融合基督教风格与阿拉伯的色彩,是一种西班牙本土风格的展现。不过据说高迪的脑海里对此建筑的构想一直没有最后定稿,从19世纪80年代开工以来总是边设计边施工,逐步地不断地修改和完善他的创造性的构想。教堂原计划建造3个门、18个竹笋状尖塔,1926年高迪去世时,只完成了3个圣殿正门中的一个基督诞生门和8个尖塔。

高迪逝世后,随着西班牙内战的爆发,该工程便无人再去问津。直到1939年内战结束后,西班牙的建筑学界和天主教会就神圣家族教堂是否续建的问题展开了一场大辩论。一派认为不应续建,应该让它完整地保留高迪的建筑风格,就像维纳斯的断臂不应续接一样。另一派则认为,教堂应该续建,后人应该完成高迪的未竟之作,因为高迪已确立了整个教堂建筑的设计模型。最后在投票表决中,后一派获胜。因此,神圣家族教堂得以续建,并延续至今,尚未完工。

神圣家族教堂历经一个多世纪尚未完工,其原因除建筑形状怪诞,难度极高外,资金匮乏也是一个因素。神圣家族教堂的建设资金主要来源于门票收入和企业及信徒的捐款。因其资金来源的不确定,工程也不能得以连续进行。至今高迪原来设计中的表现耶稣受难的170米高的尖塔及其顶端的十字架目前尚无踪影,如果该塔建成,将是巴塞罗那最高的建筑。

在神圣家族教堂已建成的部分中,高迪在世时建造的圣诞门可谓最具代表性的建筑物之一,整个门墙上凹凸不平,坑坑洼洼,分布着表现耶稣诞生的雕塑,建筑难度极高。圣诞门旁的受难门为后人所建,尽管门墙上《最后的晚餐》等雕塑功力不浅,但与圣诞门相比,无论从艺术上还是建筑技术上看,新建的部分都显得十分苍白,很难融为一体。所

以有人苛刻地说，高迪之后的续建是狗尾续貂。当然，后人之作也不可完全否定，它毕竟将使神圣家族教堂最终得以完整地奉献给世人。如何完美地再现高迪的风格，也为当代建筑学家留下了一道难题。

高迪在生前一直追慕欧洲中世纪哥特式建筑的宏大风采，所以在这座教堂里他也融贯进哥特式样，保留了哥特式的长窗和钟塔，但高迪并不因袭旧有，而是灵活创新。他运用弧形来平衡、舒缓哥特式的严谨与刻板，钟塔的造型也是极富于创造性的，类似于旋转的抛物线，这样的结构使钟塔看起来无限向上，延伸很高，形成类似哥特式却更突显的视觉效果。

高迪还特别关注细部的处理，各种植物、动物的浮雕散布于建筑的每个角落，人物雕像掩映其间，处处都有神来之笔。

8支像玉米一样的尖塔，参差错落、直插云端，在巴塞罗那任何一个角落都可以看见，一如童话。塔身表面凹凸不平，就像是被穿了数百个孔眼的巨大蚁丘，十分奇特。塔顶形状错综复杂，每个塔尖上都有一个围着球形花冠的十字架，由色彩缤纷的碎瓷砖拼成，十分明丽。搭乘电梯可登临塔的60米处，然后再爬楼梯至90米处观望台。从这里可以鸟瞰巴塞罗那市景。这里的台阶呈螺旋状上升，而且空间极其狭窄，只容一人通过，两边甚至没有扶梯的把手。身处在众高塔环绕中，这些塔好似相邻的树干般伸手可及。高迪一直崇尚自然，故建筑物上常常带有动物或植物的形状。教堂的高大内柱有的被设计成竹节状，节节向上，顶部也呈竹叶状，竹竿上还趴着蜥蜴等动物。所以，在大教堂中，有时会有踏入原始森林之感。

大教堂的外墙上雕刻着许多浮雕，讲述的都是圣经里关于耶稣诞生、受难及升天的故事。前面是基督诞生门，由高迪本人设计完成。在高耸的墙面上，满布雕刻和雕像，可以见到耶稣诞生、三博士朝拜、天使报佳音等有关《圣经》内容的雕像，都采用写实的手法，人物表情、动作刻画得生动细腻，栩栩如生。每块石头上的雕刻都是高迪的心血。如果仔细观看，则可见那些神态安详的宗教人物，被环绕于蜥蜴、蛇之类的动物之中。

"诞生门"后面就是死难之门，该门使用的是典型抽象派手法。这是后人在高迪去世后续建的。

进入教堂的内部，里面的柱子代表着拉美各大主教，窗户则代表着各教派的创始人，处处充满了隐喻和象征。教堂里装饰着各式动物、植物，与宗教性的雕塑结合在一起，呈现出欢快而神秘的天国

小贴士　高迪（Gaudi，1852～1926）：西班牙建筑师，他的作品以自然的形式为基础，对新艺术有极为独到而精彩的运用与诠释。巴塞罗那的神圣家族教堂是他的代表作。

气氛。

　　这座大教堂怪异神奇，甚至带有一些魔幻的成分，如那凹形的门洞、蚂蚁蛀空般的塔身及其他间隙的设计，犹如魔鬼张开了带有獠牙的大嘴，教堂闪烁的圆玻璃窗，也似乎像鬼怪的眼睛，有一种离奇古怪的诡谲之感，让人心惊胆战。走进教堂大门，仿佛走进了童话王国里的魔宫，绝对是难以忘怀的特殊体验。

>>> 神圣家族教堂显示出了惊世骇俗的创造力与想象力。

这座造型奇特的建筑物看上去像是用松软的黏土手工制作，实际上，它是用真正的红色石头建造而成。高迪如一个浪漫主义的艺术狂想家，用他奇特怪异的建筑为巴塞罗那抹上了神秘奇异的色彩。

有人说，看过这个教堂，等于欣赏到了欧洲所有风格的教堂，因为它既有哥特式的宏大壮美又有伊斯兰的特别风味，是博采众长的经典之作。只有身临其境，才能真正感受高迪建筑的动人心魄之处。在他那仿佛浓缩了无穷想象可能的作品面前，任何评价都变得苍白。

教堂内还有一个展览室，里面陈列着高迪的相片及生平介绍，述说教堂的兴建过程。里面还陈列着复杂的建筑设计图，供游客观赏。

品读札记

巴塞罗那的神圣家族教堂是全球最有名气、最有特色的大教堂之一。它是著名的现代建筑大师高迪倾其毕生精力建造的。教堂历时一个多世纪的建造，仍未最后完工，这在近现代建筑史上可以说是绝无仅有的一个奇迹。这座鬼斧神工、无法归类于任何建筑式样的教堂，因竣工之日无可预知，而被世人称为"未来的废墟"、"无法完成的杰作之纪念碑"。

4 跨越巴黎的钢铁巨人
>>> 艾菲尔铁塔

人文地图

举世闻名的艾菲尔铁塔是世界上第一座钢铁结构的高塔，它以昂扬挺拔的气势、空前的高度和全然不同于欧洲传统石头建筑的新颖形象横空出世，代表着建筑新美学的兴起，是世界建筑史上的一个创举。100多年来，它已经成为法国的骄傲，其独一无二、巍峨挺拔的雄伟风姿，

每年都会招揽二三百万来自世界各地的游客，是游客到法国巴黎游览的首选景点。

>>> 从巴黎的塞纳河岸远眺艾菲尔铁塔。

品读要点

现在提到法国巴黎，人们脑海中马上就会浮现出那个高耸至云端的Ａ字形象——艾菲尔铁塔。它已经成为了巴黎乃至法国的象征性建筑，出现在无数介绍巴黎的风景画片和图像影片中。但在100多年前，它的建造完成却是颇有一番争议和波折的。那是在1884年，法国政府为了纪念法国大革命100周年庆典和迎接世界博览会在巴黎的举行，决定在巴黎市中心修建一座建筑物作为永久性纪念。经过反复评选，法国著名建筑设计工程师艾菲尔的300米高的露空铁塔方案击败了100多个其他的竞选方案而被选中。这座铁塔以设计者艾菲尔的名字命名，耗资约780万法郎，折合100多万美元，历时18个月建成。

艾菲尔铁塔的修建在当时曾引起了轩然大波，各种反对、指责之声甚嚣尘上，不绝于耳。有人说它过于高高在上，像是凌驾于整个巴黎的牧人；有人说它外形粗鄙尖锐，像是刺向蓝天的利剑；还有人干脆直呼它是空心蜡烛台。不少贵族名流包括莫泊桑、小仲马等联名发表请愿书，反对这个"怪物"，称它是"俗

不可耐的可憎的阴影"，认为这么一个"用钢板和螺栓安装起来的柱子，会有损巴黎这座拥有如此众多的古典建筑的城市景象"。对此，艾菲尔据理力争地说："难道因为我是一个工程师，就不关心美观了？我设计的四条符合计算数据的弧形支脚，一定会做到刚劲有力，美观大方，给人留下深刻印象。"政府也顶住了重重压力，进行耐心细致的解释和说服工作，工程终于得以如期竣工。

第一次世界大战时，要求拆毁艾菲尔铁塔的社会呼声平息了，但在一战后的几年里，法国政府还曾考虑推倒铁塔，拆除铁架，把钢铁材料运到遭受战争破坏的地区兴建工厂。好在种种原因下，这一决定没有付诸实践。

在第二次世界大战之后，在法国还曾经发生了一件事关艾菲尔铁塔的重大诈骗案。案犯—— 一个蔬菜商人冒名达官政要巧言令色地说服一名收买废料的商人，扬言只要他预付50万法郎，就可以把艾菲尔铁塔的7 000吨钢铁低价卖给他。那个商人信以为真，唯恐这个来头甚大的神秘人物把铁塔转卖他人，立即付了一大笔钱给这个骗子。结果证明，这不过是一个精心策划的骗局。

就这样，一个多世纪以来，艾菲尔铁塔经过种种风雨的考验，人们最终接受了它，喜欢上了它。1964年，艾菲尔铁塔被法国政府列为不得拆毁的历史遗迹。今天，它的独特风姿成为巴黎最动人的一道风景，吸引着来自世界各地络绎不绝的游客。艾菲尔铁塔的投资，当年就几乎全部收回。现在每年几百万的游客更给法国带来了大笔收入，几乎成了一株铁的"摇钱树"。

>>"罗马不是一天建成的"，同样，艾菲尔铁塔的建造过程也是极为艰辛曲折的。图为艾菲尔铁塔的建造过程。

其实，艾菲尔铁塔的出现并不是偶然的，它是西方现代工业化发展的必然产物。从18世纪起，欧洲的一些工业比较发达的国家就萌发着把新材料用于建筑的思潮。到了19世纪，用铁作为建筑材料已经相当普遍。特别是商业博览会的兴起，往往成为使用新建筑材料和打造新建筑形态的试验地，为建筑的创造性发展提供了良机，也促成了建筑审美观点的转变。艾菲尔铁塔的拔地而起在世界建筑史上具有里程碑的意义。艾菲尔铁塔屹立在巴黎市中心的塞纳河畔。它最初建成时的高度为300米，相当于100层楼高。它打破了保持几千年的埃及金字塔的世界最高建筑物纪录，直到1930年才被纽约的克莱斯勒大厦超过。1959年装上电视天线

后达到了320多米。

艾菲尔铁塔占地面积约为10000平方米，造型奇特，底部宽大，跨度达2790平方米，整体呈一个巨大的A字。拱形门高40多米，铁塔底部是4个用钢筋水泥灌注的塔墩，用来支撑整个塔身，这也是以后出现的钢筋混凝土结构的先驱。其余塔身全部是由钢铁构成，它们向上延伸，在距离地面276米处突然急剧收拢，直指苍穹。铁塔由1.8万个精密度达到1/10毫米的部件组成，用250万个铆钉连接起来，工艺复杂精细，可说是建筑史上的一项杰作。铁塔一共分为三层，各层之间有一道铁梯互通，每层都有一个平台，在上面可以远眺巴黎美景。第一层高57米，有用钢筋混凝土修建的4座大拱门，第二层高为115米，第三层则是174米。除了第三层平台没有缝隙外，其他部分全是透空的。从塔座到塔顶共有1711级阶梯，有电梯上下运送游人，十分方便。艾菲尔铁塔原来使用的是老式水力升降梯，一到冬天，水遇冷结冰，就不能使用了，现在安装的是新式双层电梯，每小时可以把1800人送上塔顶。当然顶层是观赏整个巴黎都会风情的最佳地点，这里设有多台望远镜，还配有幻灯片的说明介绍。每逢天气晴朗，这里可以看到方圆70千米之内的景色。站在高高的塔顶，巴黎美丽动人的景致尽收眼底，令人心旷神怡。黄昏在这里观赏日落更是一流的享受。

艾菲尔铁塔的高空艺术造型在当时是史无前例的，施工时遇到了一系列高空作业带来的困难险阻。但艾菲尔高明、精准、严密、周到的工程设计避免了许多问题。组装部件时，钻孔都能准确地合上，不用修配或另外钻新孔，减少了许多麻烦。在两年的工程施工中，从未发生任何伤亡事故，这在建筑史上也是很了不起的。

艾菲尔铁塔挺立在静静流淌的塞纳河旁，与壮观威武的凯旋门、宽阔的香榭丽舍大道遥遥相望，如同一具蓄势待发、马上就要冲上蓝天的火箭。它巨大的基座稳稳地植于大地，高昂挺拔的尖顶直指云霄，气势巍峨宏伟而又轻盈跃动，蕴涵着一种明快的节奏感，既深具古典的美感，又流动着现代的气息。远远望去，它是那样轻捷、矫健，又是那样辉煌、壮观，其建筑艺术令世人瞩目称颂。

艾菲尔铁塔在建成以后，不但具有观赏性，而且因其高度，

>>> 艾菲尔铁塔局部。

艾菲尔（Eiffel，1832—1923）：法国工程师，他的建筑结构沉静优雅，结合了轻巧与力量。其作品——巴黎的艾菲尔铁塔和纽约的自由女神像金属框架，为他留下了不朽的盛名。

>>>艾菲尔铁塔。

具有非常大的实用性。它是法国广播电台的中心，也是气象台和电视台的发射塔。它的内部设有饭店、酒吧间，还有杂货铺以及热闹的商业大楼。1953年以来它就被用于发射电视节目。塔内具有照明设备，静谧的晚上，艾菲尔铁塔灯火通明，塔前装有的喷水池经彩灯照射，喷出七彩斑斓的水柱，景色十分秀丽。

　　1980年，艾菲尔铁塔进行了一次自建成以来最大规模的改造，更加有利于以后的使用和观赏。改造后的铁塔将第二层每平方米重量达到400公斤的混凝土平台改建成为厚度仅仅为8毫米，每平方米重量为95公斤的钢板，清除了1340吨的重量，大大减轻了铁塔原来9700吨的总负重。二层又开设了一个大众啤酒馆，将豪华饭店从二层迁移至三层。而且又特意建造了一个以铁塔的设计师命名的接待厅，这里可以组织学术会议和招待会，大大拓展了铁塔的功能。此外，为契合时代发展又开辟

了一个现代化的视听博物馆,人们可以"有声有色"地观赏有关铁塔历史及建筑特色的影片与节目。

今天,艾菲尔铁塔已成为巴黎这座美丽又具有悠久历史的城市的象征和标志。自建成以来,已有近2亿人登塔观光。

 **品读札记**

艾菲尔铁塔第一次向世界展示了钢铁结构的优异性能,向人们显现了新的建筑形式的优美和震动人心的艺术力量。他打破了几千年来石头作为建筑原料的核心地位,打破了传统建筑的束缚,预示着房屋增加高度向上发展的可能性,促成了现代建筑的诞生,是人类进入现代化社会的一个重要标志,充分彰显了人类的创造力和征服自然的雄心。有人这样评价它:"艾菲尔铁塔不单是一座吸引人观光的纪念碑,也绝不止是一架把人送上高空的机器。它是铁器文明的象征,而铁器这种原料充分体现了人类对物质的控制力量。"

5 现代风格的开端
>>> 施罗德住宅

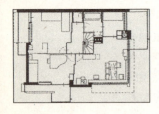
>>> 施罗德住宅平面图。

人文地图

施罗德住宅是荷兰风格派建筑最杰出和最具典型性的代表,其简明的几何体块,错落的线、面穿插,素朴而鲜明的颜色组合,都与荷兰风格派画家的绘画有着极为相似的意趣。它将视觉要素和建筑理念从传统的解释中分离出来,对现代建筑的发展产生了相当大的影响,是现代建筑非常重要的开端。

小贴士　荷兰风格派：荷兰青年艺术家于1917年成立的造型艺术团体，又称"新造型派"。该派倡导艺术作品应是几何形体和纯粹色块的组合构图，其艺术主张对现代建筑的发展产生了相当程度的影响。

>>>施罗德住宅侧面。

品读要点

位于荷兰乌德勒支市的施罗德住宅是荷兰风格派艺术的典型代表。所谓"风格派"是20世纪前期在荷兰产生的以画家蒙德里安、建筑造型师里特维尔德为首的一批青年艺术家成立的造型艺术团体。他们以1917年出版的期刊《风格》作为自己艺术流派的名称，又称为"新造型派"或"要素派"。该派的主要艺术主张是倡导艺术作品应该是几何形体和纯粹色块的组合构图。他们声称"传统已经绝对地贬值了，新的时代艺术需要抽象和简化，从过去烦琐的造型、色彩简化到简单基本的直线、矩形和原色，这才能保持艺术的纯洁性、必然性和规律性"。此派最重要的画家和理论家蒙德里安在自己的画作中鲜明地表现出风格派的特征。他在1914年的画中就已经完全消灭了曲线，而代之以大小相等或不等的纵横网格，格子里涂抹上单纯的原色块；或是在画中表现一些悬浮着的方或长方色块，再穿插进一些横竖短线，以表现和强调"纯粹的真实性"。

"风格派"与表现主义基本同时产生，都是在第一次世界大

战前后。他们与那时流行的未来主义、立体主义、构成派和更早些的分离派等艺术流派通常都是由建筑师、画家、雕塑家以及文学家和音乐家共同结合的产物，其中多种艺术领域往往互相渗透和影响。风格派的另一个重要代表人物里特维尔德就是荷兰著名的工业设计大师与杰出的建筑师。里特维尔德1917年设计了现代主义设计运动的重要经典作品"红／蓝"椅，以实用性的具体产品生动地解释了风格派抽象的艺术理论。他1934年设计的"曲折"椅，更是充满了风格派的特色，椅子的脚、坐椅部分及靠背的造型都与传统的椅子相差很大，十分的轻灵小巧，非常节省空间。里特维尔德可以说是对风格派家具设计贡献最大的人。在现代设计运动中，他是创造出最多"革命性"设计构思的设计大师，也可以称得上是家具设计精英第一人。里特维尔德的设计和过去繁琐复杂的样貌迥然相异。他非常偏爱单纯的线条、色块，设计出的产品都十分简洁，便于大量制造。他认为机械大生产是生产大众家具的最佳途径，而最基本的几何形象的组合又是适合机械大生产的最佳形式。这种简约的风格派的设计概念深刻地影响了日后的设计界。除了家具设计，里特维尔德1924年在家乡荷兰乌德勒支市设计的施罗德住宅，淋漓尽致地体现出风格派的特征与格调，是风格派建筑最典型的代表。

施罗德住宅是由里特维尔德与施罗德夫人共同构思设计的。这座住宅位于乌德勒支市城郊的一片开阔地中，周围是景色优美的田园，可以充分享受到阳光的照射与新鲜的大自然的气息。就如同建筑师本人里特维尔德所概括的那样："选址的特点是光线、空气、空间和自由。"

住宅的建筑平面呈长方形，各部分都由面与线构成，是一座由简洁的几何体块、光滑的墙面、形状简单的大片玻璃所组成的高低参差、横竖错落的建筑。建筑立面由一些不同方向、不同比例的方块和长方块穿插而成，充满了单纯的水平线和垂直线。建筑表面涂抹着以白色为主的朴素色彩，杂以不同深度的棕色，鲜明地反映出几何形体和纯粹色块组合的风格派特征。栏杆是金属的水平细管，和外部构成十分统一。整个构图充满了大小、方向、形状的巧妙穿插和对比，并不对称，却因共同的简洁纯净的风貌而十分统一和谐。就像是蒙德里安式绘画的立体化，若即若离，充满相似的意趣。

>>> 施罗德住宅。

葛罗培（Gropius，1883—1969）：现代建筑国际风格的开创者之一，参与成立包豪斯学院，1937年移民美国，担任哈佛大学设计研究所所长，对现代主义的传播有很大的贡献。

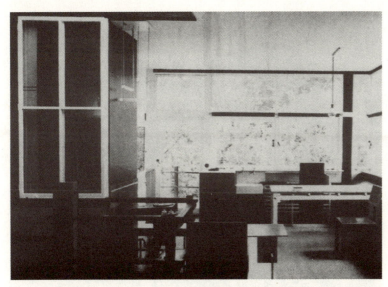

>>> 施罗德住宅，1924年时的内景。

在建筑空间的安排上，住宅的另一设计者施罗德夫人提出是否"不用墙但仍然可以分割空间"的要求，里特维尔德便产生了"活动隔断"的想法。于是，他打破了常规的设置，设计创造了"活动隔断墙"的新手法，将楼梯放在中央，而没有像通常那样放在角落。围绕着它，房屋可根据不同的功能要求，利用异常灵活的隔断墙来自由地分割空间，构成流通的变化。除椅子外，室内家具全部是固定的，式样简洁明快，充分显示出设计者的匠心所在。这种构思在当时是非常具有创新意义的。

施罗德住宅自建立之初，设计者与使用者之间就进行着不断的交流与合作，进一步完善与改进建筑的设计。整个设计从室内到室外，从体型到色彩都典型地体现了风格派的理论，比较符合建筑造型艺术要点。它利用建筑板材、支架色彩的变化，使建筑形体产生了雕塑一般的效果。

施罗德住宅在20世纪20年代建成后，被认为是当时欧洲最现代的建筑，世界著名的建筑大师、包豪斯学校校舍的创始人格罗庇乌斯和现代建筑最具代表性的大师柯布西耶都曾造访此，从中得到不少的启示。

风格派对于世界现代主义的风格形成有很大的影响作用，对许多现代建筑师的建筑艺术观念有不小的影响。它如同一个建筑师所说："纯净的思想中不出现感觉形象，只有数字、尺

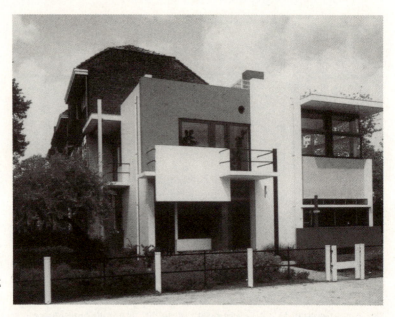

>>> 施罗德住宅
正面。

寸、关系和抽象的线条占据思维的空间。"风格派在几何形
体、空间和色彩的组合方式等方面都进行了有意义的探索，对
于冲破古典传统，创造现代形式有着积极作用。它的简单的几
何形式，以白、黑、灰等中性色系为主的色彩规划，以及立体
主义造型和理性主义的结构特征在两次世界大战之间成为国际
主义风格的标准符号，直接影响了追求功能合理、结构简洁和
造型单纯的现代建筑。

 品读札记

　　施罗德住宅用轻灵的手法表现出明晰的建筑主题，是荷兰风
格派艺术在建筑领域最典型的表现。虽然也有人批评它是一件摆
设多于可用的建筑，过于强调可观性而忽视了其实用性。但它却
是现代建筑的重要参照物和先导。

6 开启现代建筑新纪元
>>> 包豪斯学校校舍

人文地图

　　包豪斯学校校舍现在看来是一幢并不起眼的普通建筑，但在80年前，它却代表着一种与传统建筑截然不同的新风格，体现了现代主义建筑的一些重要原则，是开启现代建筑新纪元的里程碑式的建筑。

品读要点

　　包豪斯校舍出自世界建筑史上赫赫有名的包豪斯学校。它是由著名的建筑大师、现代建筑的奠基人之一格罗庇乌斯于20世纪20年代创立的。那是在1919年，历时4年的第一次世界大战刚刚结束，作为战败国的德国笼罩在战争的阴影中。德国近3／4的城市已毁于战火，成为一片废墟。重建德国成为刻不容缓的问题。这时，来自德国中部小城魏玛一位名叫沃尔特·格罗庇乌斯的设计师的来信，引起了德国有关部门的注意。信中，格罗庇乌斯从建筑师的角度探讨了战后德国重建的问题。他认为，德国现在最需要的就是建筑设计人才。他说："欧洲工业革命的完成使工业化生产必将进入未来的建筑领域，而目前欧洲建筑的古典主义理念和风格会阻碍建筑产业的现代化。所以，现在国家百废待兴，成立一所致力于现代建筑设计的学校是当务之急。"那时，德国有许多人都认为赶快建起医院、住宅才是正经，远比成立一所设计学校重要得多。但是，政府仅用了两个月的时间商议，就采纳了格罗庇乌斯的建议。于是，在1919年3月，政府将原撒克

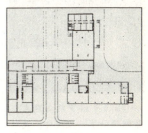

>>> 包豪斯校舍平面，1924年。

逊大公美术学院和国家工艺美术学院合并，成立了"国立建筑工艺学校"，简称为"包豪斯"，36岁的格罗庇乌斯被任命为校长。他雄心勃勃，致力于培养新型建筑人才，以便为德国建筑界输送新鲜的气息和血液。他秉承的办学原则就是：要用一种崭新的设计观念来影响德国的建筑界，否则新时代的建筑师就只有模仿那些已经司空见惯的古旧东西，无法实现心中的理想。以此为基础，包豪斯学校十分重视基础训练，主张艺术与技术的统一，提倡了解现代工业的特点，并遵循自然与客观的法则来进行设计。

1923年夏，包豪斯学校举办了首届展览会，来展出学校成员的设计。展品五花八门十分丰富，从汽车到台灯，从烟灰缸到办公楼等种种日常与工业用具，应有尽有。"包豪斯出产"的风格是简洁、几何化和高度精致。这之前的欧洲，建筑结构与造型都复杂华丽，繁缛琐碎，无论是哥特式的式样还是维多利亚的风格，都强调艺术，深刻体现着宗教神话对世俗生活的影响，这样的建筑是无法适应日新月异的现代工业化大批量生产的。格罗庇乌斯针对时代发展带来的新要求，提出了崭新的建筑主张，那就是建筑必须既是艺术的又要能够发挥技术作用，既是精心设计又要简单实用，最重要的是能够在工厂的流水线上大批量生产制造。为此，与传统学校不同，在包豪斯学校中，学生们不但要学习基本的设计、造型、材料等技艺知识，还要学习绘图、构图、制作等工艺流程。包豪斯学校本身就拥有着一系列的生产车间：木工车间、砖石车间、钢材车间、陶瓷车间等。学生们包括有画家、雕刻家、工人、艺匠及建筑设计师，他们共聚一堂，彼此切磋研习。格罗庇乌斯坚信建筑师应该与工匠一样，他们的作品既应具有实用价值，又应该是一般人都能买得起的。格罗庇乌斯还向学生们灌输了以几何线条为基本造型的全新设计风格和将艺术与设计融入日常生活的建筑理念。

>>> 1925年格罗庇乌斯为包豪斯设计了一座校舍，是现代建筑新纪元的里程碑。

在包豪斯的展览会上，反响最大、最热情的观众就是遍布欧洲各地的厂商。这些目光敏锐的商家已经预感到了这种仅以材料本身的质感为装饰、强调直截了当的使用功能的设计很容易投入到工业化的流程里批量生产，这样就会大大降低成本，带来巨大的利益。格罗庇乌斯的包豪斯学校从此名扬欧洲，引起全世界的注意。

>>>学生宿舍。

　　1925年，包豪斯迁往了德国东部的德绍城。从这时起，包豪斯开设了平面构成、立体构成、色彩构成等课程，为现代建筑设计的教学模式和科学发展奠定了基础。格罗庇乌斯还在学校里专门创办了建筑系，并由他亲自领导，建立起教学、研究、生产于一体的现代教育体系。

　　但是，包豪斯的开拓与创新精神引起了保守势力的敌视，他们想尽办法破坏包豪斯学校的名誉，到处散布说，包豪斯的楼房不仅是反传统的，它还是从莫斯科移植来的，包豪斯渗透着苏维埃的红色势力。由于那时第一次世界大战刚刚结束不久，苏维埃的军队占领了德国的许多城市，给德国人心里留下了难以忘却的历史伤痛。在这种背景下，保守势力对包豪斯的攻击就极具杀伤力了。

　　在巨大压力下，1928年，格罗庇乌斯辞去了包豪斯校长的职务。1932年，纳粹党强行关闭了包豪斯。当时的校长密斯带领学生们流亡至柏林，学校又勉强维持到1933年，后来，纳粹军队占

领了此处，包豪斯学校就这样从历史上消失了。前后只有近15年的时间，但是包豪斯简洁实用的设计风格与理念已经对世界各地产生了广泛而深远的影响。1937年，格罗庇乌斯移居美国后，任哈佛建筑系主任。他是20世纪最重要的设计师、设计理论家和设计教育的奠基人，对20世纪现代建筑设计的影响是难以估量的。

1931年落成的纽约帝国大厦就受到了包豪斯风格的启发。高达102层的摩天大楼，仅用四方的金属框架结构支撑，摆脱了过去古典建筑形制的约束和羁绊。1958年，纽约西格拉姆大厦落成，它是包豪斯那位带领学生流亡的校长密斯设计的。密斯发扬了包豪斯的精神，让简单的四方形成为立体后拔地而起，直向云端。从此，现代城市出现了高楼林立的景象，这种景象已成为一座城市国际化的标志。

包豪斯的原则与理念，推动了现代建筑的出现。它意味着人类思想与精神的又一次解放。正像格罗庇乌斯在国立建筑工艺学校成立的那一天所说的："让我们建造一幢将建筑、雕刻和绘画融为一体的、新的未来殿堂，并用千百万艺术工作者的双手将它矗立在高高的云端下，变成一种新信念的标志。"

1925年，德国包豪斯学校从魏玛迁校到德绍，当时的校长——格罗庇乌斯为它设计了一座新校舍。它由教学楼、实习工厂和学生宿舍三大部分组成，还杂有其他功能区域，共占地2630平方米。包豪斯的校舍外形为普普通通的四方形，样式十分简洁，没有多余的装饰，只尽力展现着建筑结构和建筑材料本身质感的优美和力度。其中面积最大的是教学楼与实习工厂，均为4层；学生宿舍在另一端，高为6层；连接二者的是两层的饭厅兼礼堂。建筑群的中心连接各部分的行政区、教师办公室和图书馆。楼内的一间间房屋面向用玻璃环绕的走廊，明亮通透、轻盈明快。所有空间根据使用功能的不同，既分立又联系，自由灵活。高低不同的形体有机地组合在一起，创造了在行进中观赏建筑群体给人带来的时空感受，又体现出包豪斯的设计特点：重视空间设计，强调功能与结构效能，把建筑美学同建筑的目的性、材料性能和经济性直接联系起来。在资金拮据的情况下，设计者周到地考虑到了建筑所要兼负的多种功能，包括教学、行政、宿舍、食堂及会议等各方面的需求，经济、妥帖地解决了实用问题。

这座包豪斯校舍和包豪斯学校的教学方针与授课方法均对现代建筑的发展产生了极大的影响。在格罗庇乌斯办校方针的指引下，一大批思想自由激进的艺术家应邀任教，使包豪斯成为当时欧洲前卫艺术

美，……是在我们心里引起对愉快关系的知觉的效力或者能力。

[法] 狄德罗

>>>包豪斯校舍。

流派的据点，后来更成为现代主义建筑思想的重要发源地和人才大本营。包豪斯校舍正是对格罗庇乌斯建筑主张的最佳诠释：校舍建筑与工业时代相适应，摆脱了传统建筑样式的束缚。格罗庇乌斯在设计时虽有建筑艺术的预想，不过他是以功能作为建筑设计的主要出发点的，按照各部分功能需要和相互关系定出它们的位置。在建筑构图上，包豪斯校舍突破了过去的对称格局，它有多条轴线，没有一条特别突出的中轴线，各立面大小、高低、形式、方向各不相同，充分运用对比的效果，各具特色。在建筑材料上，校舍采用钢筋混凝土框架结构，部分采用砖墙承重结构，许多部分用大片的玻璃来取代了墙体；屋顶为平顶，用内落水管排水，窗户为双层钢窗，表现出现代材料和结构的特点。包豪斯校舍没有雕刻、柱廊、装饰性的花纹线脚等复杂的装饰，简洁朴素，以自由灵活的空间布局和清新简朴的体形表达了现代主义的建筑风格，显露出现代主义建筑的一些重要特征，被誉为是现代建筑设计史上的里程碑。其外立面大量采用玻璃而非实墙，摒弃了19世纪各种建筑流派的束缚，可谓现代建筑的开山鼻祖。这一创举为后来的现代建筑所广泛采用。今天，在世界许多城市依旧可见许多格罗庇乌斯"里程碑"式样的楼宇，它们矗立在我们这一代人生活

>>> 包豪斯学校。

的视野中，证明着一种富有预见的思想和行动的伟大。

当时，包豪斯的美与重要价值还尚未被更多的人所发现，林徽因在参观它的校舍后断言："它终有一天会蜚声世界。"后来，她在东北大学建筑系授课，专门讲了包豪斯校舍。她说："每个建筑家都应该是一个巨人，他们在智慧与感情上，必须得到均衡而协调的发展，你们来看看包豪斯校舍，它像一篇精练的散文那样朴实无华，它摈弃附加的装饰，注重发挥结构本身的形式美，包豪斯的现代观点，有着它永久的生命力。建筑的有机精神，是从自然的机能主义开始，艺术家观察自然现象，发现万物无我，功能协调无间，而各呈其独特之美，这便是建筑意义的所在。"

 品读札记

格罗庇乌斯的包豪斯学校及校舍，令20世纪的建筑设计挣脱了过去各种主义和流派的束缚。它遵从时代的发展、科学的进步与民众的要求，适应大规模的工业化生产，开创了一种新的建筑美学与建筑风格。

7 高山流水之间的别墅
>>> 流水别墅

人文地图

流水别墅是美国甚至全世界最著名的建筑之一，其设计师赖特是举世公认的20世纪伟大的建筑师、艺术家，曾被誉为是20世纪的米开朗基罗。流水别墅从选址到建成历时三年，它建在匹兹堡市附近一处绿树环绕、流水潺潺、景色幽美的峡谷中。与一般的别墅不同，房屋最奇妙的是大部分竟然是空悬在瀑布之上的。整个别墅就如同岩石般生长在溪流之上。自然与建筑浑然一体，互相映衬，构造出美轮美奂的令人叹为观止的境界，是其乌托邦式想象的代表作，被誉为20世纪的艺术杰作、建筑史上伟大的里程碑。在联合国教科文组织统计的百年世界名建筑中流水别墅名列首位，为现代建筑的经典。

品读要点

流水别墅是美国著名的建筑设计大师赖特为富翁考夫曼设计、建筑的。考夫曼原来只是想把别墅建在空气清新的山林中，对着一片晶莹流泻的瀑布。但赖特在仔细勘察过周围环境后，经过6个月的苦思冥想，灵光闪现，竟然提出一个惊世骇俗的构想，就是将别墅凌空建于溪流和瀑布之上。为了这超凡脱俗的梦境的实现，赖特在流水别墅的设计和施工中付出了极大的心血。在别墅修建成以后，工人们甚至还不敢确信这难以想象的房子竟然真的完成了，他们不敢将用于工程支撑的柱体拆掉，害怕会立刻倒塌，最后还是大师自己亲自动手将其拆除的。

>>> 流水别墅平、剖面，首层平面。

>>> 流水别墅冬景。

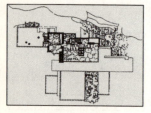

>>> 流水别墅平、剖面，二层平面。

别墅自建成后就受到了世人的瞩目，每年都会吸引数以万计的游客，几乎在所有伟大建筑的排行榜上都占据了不可小视的位置。别墅的主人考夫曼后来将其捐献给国家作为公共财产。流水别墅的设计者——赖特则被《美国建筑百科全书》评价为"是他那个时代甚至是任何时代最有创造力的建筑师之一，是以建筑为表达工具极富诗意的幻想家和艺术家，是注重实效的工程师，崇尚自由思想的个性主义者，在他的建筑中贯穿着对生活和自然的积极回报。一生的设计生涯，给后人无穷的启示"。

赖特于1869年出生在美国威斯康辛州，卒于1959年，建筑生涯跨越了70多个年头。他在大学中原来学习土木工程，后来转而从事建筑。他从19世纪80年代后期就开始在芝加哥从事建筑活动，那正是美国工业蓬勃发展、城市人口急速增加的时期。芝加哥是现代摩天楼诞生的地点，但是赖特从小在农庄长大，对农村和大自然有深厚的感情，对土地无比眷恋，对现代大城市持批判态度，这些都深刻地表现在了他的建筑理念中。他很少设计大城市里的摩天楼，一生中设计的最多的建筑类型是别墅和小住宅。他在艺术地使用钢材、石材、钢筋混凝土等建筑材料，创造伸展的几何平面和轮廓上表现出非凡的才华。他是有机建筑派的代表，以一系列极其富于戏剧性的建筑震撼了世界，是西方建筑史上最富有浪漫气质的建筑师和现代建筑的奠基人之一。他在精神气质和建筑理想上追求建筑与

自然的和谐，讲求天人合一的境界，深受东方哲学的影响，而在注重建筑功能和现代技术的使用上又充满现代特色。

　　赖特认为："一切美均来源于自然，建筑设计应尊重自然，每幢建筑物都应顺应和表现自然，以达到最佳境界。"他主张建筑应与大自然和谐，应当像植物一样和谐地从属于自然。每一座建筑都应当是特定的地点、特定的目的、特定的自然和物质条件以及特定的文化的产物，应该具有独特的气质与内涵，和大自然的一草一木、一花一树一样具有灵性和生命力。他认为建筑之所以为建筑，其实质在于它的内部空间。他倡导着眼于内部空间效果来进行设计，屋顶、墙和门窗等实体都处于从属的地位，应服从所设想的空间效果。这就打破了过去着眼于屋顶、墙和门窗等实体进行设计的观念，为建筑学开辟了新的境界。

　　他设计的流水别墅，克服了一个表面上看起来不能构筑的基地，与大自然美妙和谐地融合，可以说是他的建筑艺术哲学最完美的体现。

　　别墅在设计上表现出动与静的对立统一。三层平台高低错落、飞腾跃起，赋予了建筑最大程度的动感与张力。各层有的地方围以石墙，有的是玻璃，每一层都是一边与山石连接，另外几边悬伸在空中。各层大

>>> 流水别墅被誉为"绝顶的人造物与幽雅的天然景色的完美平衡"。

小、形状、伸展的方向都不相同，主要的一层几乎是一个完整的大房间，有小阶梯与下面的水池联系。正面在窗台与天棚之间，由透明的金属窗框的大玻璃墙围隔。别墅在建筑色彩的调配上，也与周围环境的色彩相对应，三层平台是明亮的杏黄色，鲜亮光洁，竖直的石墙是粗犷的灰褐色，幽暗沉静，红色的窗框配以透亮的玻璃，这一切都映衬在潺潺流淌的水流之上。在阳光与月色的光影舞动中，在树叶与山石的掩映下，动与静、光与影、虚与实、横与纵、垂直与水平、光滑与粗糙，沉稳与飘逸，厚重与轻盈，构成了强烈的对比，令人神清气朗，赏心悦目。

别墅的内部空间处理也是深具匠心。赖特把起居室作为内部的核心。进入室内要先从一段狭小而昏暗的有顶盖的门廊，触摸着主楼梯粗犷的石壁，拾阶而上，才可进入起居室。起居室是由中心空间的四根支柱所支撑，中心部分更以略高的天花板和中央照明突出其空间领域。赖特在设计的时候，有意把室内空间和外部的自然巧妙结合，使自然景致和人工设置和谐地互相搭配。在读书区，阳光透过玻璃，将室内照耀得明亮轩阔，而会客区则利用一片天然岩石，做成壁炉，再配以看似没有太多人工雕琢的器具，营造出朴实天然的原始情调，构造出一个十分宜人、优雅的休闲空间。有一棵大树也被保留下来，穿越建筑，伸向天空。而由起居室通到下方溪流的楼梯，是内、外部空间不可缺少的媒介，把人工的建筑与自然景物完美的结合，总会使人们禁不住地一再流连其间，感叹其妙。

赖特对自然光线的巧妙掌握，使内部空间仿佛充满了盎然生机。光线流动于起居空间的东、西、南三侧。最明亮的部分，光线从天窗泻下，一直通往建筑物下方溪流崖隙的楼梯。东西、北侧几乎呈围合状的凹室，则相对较为昏暗，使得房间既幽静沉实又灵动飘逸。

赖特既运用新材料和新结构，又始终重视发挥传统建筑材料的优点。在材料的使用上，流水别墅主要使用白色的混凝土和栗色毛石。水平向的白色混凝土平台与自然的岩石相呼应，而栗色的毛石就是从周围山林搜集而来，有着"与生俱来"、自然质朴和野趣的意味。所有的支柱，都是粗犷的岩石。石的水平性与支柱的直性，产生一种鲜明的对抗，而地坪使用的岩石，似乎出奇的沉重，尤以悬挑的阳台为最。而这与室外的自然山石极为契合，感觉室内空间透过巨大的水平阳台而延伸、衔接到巨大的室

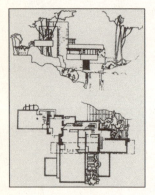

>>> 流水别墅的立面和平面。

>>> 流水别墅夏景。

外自然空间中了。一切就如同赖特所说："我努力使住宅具有一种协调的感觉，一种结合的感觉，使它成为环境的一部分，它像与自然有机结合的植物一样，从地上长出来，迎接太阳。"

 品读札记

　　最好的艺术能透过岁月传达它的信息，它以深沉而耐人寻味的方式诉说着最重要的事物。流水别墅建筑在溪水之上，与流水、山石、树木自然地结合在一起，运用几何构图，在空间的处理、体量的组合及与环境的结合上均取得了极大的成功，内外空间互相交融，浑然一体，为有机建筑理论作了确切的注释。流水别墅可以说是一种以正反相对的力量在巧妙的均衡中组构而成的建筑，并充分利用了现代建筑材料与技术的性能，以一种非常独特的方式实现了古老的建筑与自然高度结合的建筑梦想，为后来的建筑师提供了更多的灵感。这座别墅将这种建筑类型的设计艺术提升到一个新水平，堪称世界建筑史中的一件瑰宝。

8 联合国的象征
>>> 联合国总部大厦

人文地图

在第二次世界大战后兴建的联合国总部大厦作为联合国的象征，体现着人类对爱与和平的美好向往，是集中了10国的建筑大师共同完成的杰作。它简洁明快、气势宏大，洋溢着现代的建筑风格，是得到公认的里程碑式的现代建筑。

品读要点

1945年，第二次世界大战结束后，联合国建立之初，在总部的永久选址问题上，也曾经有过一番争论。有的人主张把总部设在欧洲，有的人主张把它设在美国。美国经过一番斡旋，让苏联站到了自己这一方。这样在1945年12月中旬的投票表决中，美国占据了绝对的优势，联合国筹委会宣布总部将设在美国。联合国总部落户美国后，最先是在纽约第五大道名店街旁的洛克菲勒广场里的一幢大楼里落脚。

1947年，美国石油大王洛克菲勒用850万美元的价格购置了纽约东河畔的一块地皮，然后以一美元的价格卖给了联合国。纽约市政府也捐赠了附近的一块地皮。这样，1952年，联合国总部就从洛克菲勒广场迁至该处。为了向洛克菲勒丰厚的馈赠表示谢意，联合国迁址时慷慨地将当时52个成员国的会旗留在了洛克菲勒广场，如今，那里已成为世界游客参观的景点。至此，联合国总部的永久地址才确定下来。

我们今天所看见的联合国总部建筑群是从1947年开始设计建

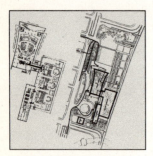

>>> 联合国总部建筑群平面。

造的。联合国总部专门成立了一个由来自澳大利亚、比利时、巴西、加拿大、瑞士、瑞典、英国、苏联、中国、乌拉圭10个国家的10名国际知名建筑师组成的设计委员会来负责设计工作。中国的代表是著名的建筑学家梁思成。联合国第一任秘书长指派美国建筑师哈里森为设计的总负责人，哈里森因先前成功完成了跨三个街区，包括有14栋大楼，及一座歌剧院的洛克菲勒中心建筑群的巨大工程，创造出建筑群体布局的完美范例而被认为是承担这一工作的合适人选。1947年的春天，设计委员会召开了首次会议，各国代表提出了许许多多的设计方案。设计委员会先后讨论了53个方案。经过一系列的研究讨论，1947年5月通过了以法国建筑大师勒·柯布西耶的方案为基础的最后方案，确立总部建筑群基本风貌。哈里森完成了方案的整体落实工作。工程于1948年开工，1952年全部竣工。

　　建成后的建筑物是国际式建筑的典范。所谓国际派风格，是现代主义建筑发展到极端的一种产物，在20世纪的20年代至20世纪的五六十年代发展到鼎盛。它的主要特性是强调建筑的功能，反对任何传统的装饰和地方特色。它推崇平的屋顶，光的墙面，几何体的造型和玻璃、钢铁与混凝土等现代建筑材料的应用，尤其是大面积的玻璃幕墙更成为国际式的标签。它开辟了人类建筑艺术的新纪元，直到今天仍得到广泛的使用，发挥着重要的影响。

　　联合国总部大厦位于美国纽约曼哈顿东区第42街和第48街之间，西边与联合国广场相接，东边临东河为界，一共占地7.3公顷。大厦主要由4个建筑物组成：秘书处办公大楼、会议大楼、大会堂及达格·哈马舍尔德图书馆。联合国的主要机构，除国际法院外，其余5个均设在这里。所以，这座联合国总部大厦被视为联合国的象征。

　　在总部大厦建筑群中最引人注目的是联合国秘书处大厦，它位于总部大厦的中心位置，是一幢39层高的板型大楼，长87米，宽22米，高为165.8米。整体造型简洁利落、色彩明快，质感对比强烈，独特的颜色搭配引人入胜。大楼基本呈南北走向，长边平行于河道，东西两侧立面是蓝绿色的玻璃幕墙，由2730多块小材料组成，铺架在挑出90厘米的铝合金框格上。色彩独特明亮照人的玻璃掩盖了框格，看上去完美而统一。而南北两侧的立面则采用重达2000吨的大理石贴面，晶莹剔透、轻盈光洁。两种墙面相映生辉，安宁庄重、璀璨夺目。

　　联合国秘书长的办公室坐落在大厦的第38层，里面陈设着各国赠送的礼物。中国赠送的万里长城壁毯悬挂在墙上，此外，苏联赠送的第一

品读世界建筑色

颗人造地球卫星模型、美国阿波罗12号宇宙飞船从月球上带回的月岩、瑞典赠的"世界钟"等许多珍贵的礼物都存放在这里。

秘书处大楼的北面为联合国大会堂,大会堂内墙为曲面,屋顶为悬索结构,顶部和侧面呈凹曲线形,上覆穹顶。大会堂是联合国总部里最大的房间,3层座位能容纳1800多人。这个房间是由设计委员会的各国委员共同设计的。为了强调其国际性,里面没有摆放任何会员国的礼物。挂在大会堂两边由法国艺术家费尔南德·莱格尔设计的抽象壁画是唯一的礼物,这是由一位不具名的捐赠者通过美国联合国协会送来的。大会堂是联合国里唯一挂有联合国徽章的会议室。徽章图样是从北极上方观测到的世界地图,两边装饰着象征和平的橄榄枝。

在秘书处大楼与大会堂之间,临靠东河有一组5层的建筑,这是联合国的会议大楼。里面设有安理会会议厅等若干个会议室。会议大楼开敞的顶棚,木制的百叶墙面及整面墙的射灯都独具特色。安理会会议厅是挪威赠送的礼物,由挪威建筑师阿伦斯坦·阿尔内伯格设计。厅内悬挂的一幅由挪威艺术家佩尔·克罗格绘制的油画极富特色,画中描绘的是一只长生鸟从灰烬中再生的情景,这象征着世界在第二次世界大战的劫难后的重建。底部阴暗的颜色上方画有色彩鲜艳的图案,象征着未来世界的美好前景。

经济及社会理事会会议厅是瑞典赠送的礼物。它是由瑞典建筑师斯文·马克斯设计的。大厅内的栏杆、门、窗所用的松木都是专门从瑞典运来的。这个房间的一个特色是:公共走廊上的天花板并不是平整的墙面而是暴露着的管道,因为建筑师认为任何有用的东西都不必遮盖。而"未完工"的天花板通常被认为是富有很深寓意的,提醒人们联合国的经济和社会工作永远都没有完结,为了改善世界人民的经济条件和生活水平还有很多的事要做。

托管理事会会议厅是丹麦赠送给联合国的礼物。它是丹麦建筑师芬恩·朱赫尔设计的。室内的所有陈设都来自丹麦。墙上镶嵌的白蜡木有利于加强会议厅的音响效果。大厅内一组大型木雕十分引人注目,它是1953年赠送的。雕像用整根的柚木树干雕成,展现的是妇女向天空伸展双臂,放飞小鸟的情景。整个雕像包含着"无限制飞向更高处"的寓意,象征着殖民地的独立。

>> 大会堂内景。

快速品读经典丛书 >>> 品读世界建筑史

>>> 联合国总部大厦远观。

达格·哈马舍尔德图书馆是1961年增建的，由福特基金会捐赠。第二次世界大战前国际联盟的档案，也保存在这里。

从大厦的西侧进门，经过安检，就可进入长长的大厅。大厅的正面墙壁上悬挂着安南等历任联合国秘书长的标准像。在大厅内还陈列着一座大型的象牙雕刻，玲珑剔透，典雅精美。这是1974年中国赠送给联合国的礼物。它描述的是1970年通车的成昆

铁路，这条铁路全长1000多千米，联结着中国的云南省和四川省，极大地改变了西南的交通面貌。这座牙雕是用8只象牙雕刻而成的，由98个人雕刻了两年多才完成，极为精美细致，连火车里的细小人物都清晰可见，真是精雕细刻、技艺超绝，其精湛的工艺水平令人叹为观止。

大厅里还有一座日本和平钟，是日本联合国协会于1954年6月赠送给联合国的。它是用60个国家的儿童收集起来的硬币铸成的，安放在一座柏木制造的典型日本神社式结构模型中。在联合国里，每年敲钟两次已经成为传统：一次是春分，也就是春季的第一天；另一次是9月联合国大会届会开幕的那一天。

在大厅的东边，游客可以看到法国艺术家马克·夏加尔设计的彩色玻璃窗。这是联合国工作人员和马克·夏加尔本人于1964年赠送的礼物，以纪念因1961年飞机失事而殉职的联合国第二任秘书长达格·哈马舍尔德和一起罹难的其他15个人。画面上的音符使人想起贝多芬第九交响曲，这是达格·哈马舍尔德先生生前喜爱的乐曲。

在联合国总部大厦内还有一个地方是许多游客喜欢光顾的。那就是位于地下室内的联合国邮局。此处不属美国领土，有全世界只在这里才可发行的邮票。联合国的邮票也只能从这个专属的邮局寄出，带到外面就会失效，这里寄出的信件都会被盖上联合国的邮戳作为纪念。来自世界各地的游客常喜欢将贴上联合国邮票的明信片寄回家。

品读札记

联合国总部大厦的建筑十分特殊，其功能的复杂性和造型构图的创新性是以往建筑都无法与之相比的，无论建筑外观或是内部设计、摆饰都散发简洁的美感。在20世纪50年代以前，世界几乎所有的政治性建筑都采用了传统的建筑样式和风格。联合国总部建筑的出现标志着现代建筑风格已经得到了广泛的认同，预示着现代主义建筑潮流在20世纪占了上风。

# 9 特立独行的经典
>>> 朗香教堂

人文地图

朗香教堂是位于群山之中的一个很小的教堂。它特立独行，突破了几千年来教堂的所有模式，没有十字架，也不设钟楼，造型奇特，神秘怪诞，如自古亘立的岩石般沉稳从容，又似精雕细琢的雕像，整体形象敦实混沌，给人以丰富的联想。它充满着浪漫的情调，具有独特的艺术表现力，可谓是"前无古人，后无来者"，是具有隐喻和象征意义的天才之作，显现了设计师非凡的艺术想象力和创造力。这个与众不同的教堂震动了整个建筑界，获得了广泛赞誉，被称为是现代最令人难忘的建筑之一。

>>> 朗香教堂总平面。

品读要点

朗香教堂是法国东部山区一个古老的村庄附近的小教堂，又译为洪尚教堂。当地原来有一座小教堂，后在第二次世界大战期间被毁。新建教堂的设计师是勒·柯布西耶，他是法国著名的建筑师，也是世界建筑史上赫赫有名的人物。他的一生在建筑领域不断地探索和实验，风格随时代发展不断变化，他写过40本小册子，宣传自己的建筑主张，被人誉为建筑界的毕加索。他把现代主义建筑运动乃至规划运动推广到前所未有的深度及广度，使得与他同时代的人难以不受他的影响。爱因斯坦曾写信盛赞他的建筑，毕加索也不无羡慕地认为柯布西耶的建筑轻而易举地就能获得他画布上难以达到的空间力度，连最为狂妄的画家达利也以谩骂的方式在他的墓前寄语表其古怪的忌妒。鉴于他对建筑艺术发

圣坛(Chancel)：教堂中保留给神职人员的空间。包括祭台和诗歌坛。

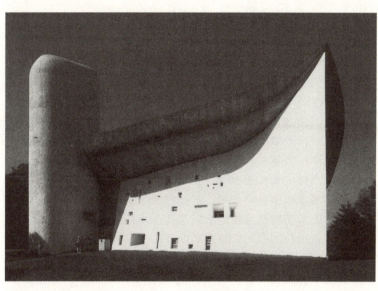

>>> 朗香教堂造形独特。

展作出的杰出贡献，1965年，柯布西耶去世时，法国总统为他主持了国丧。

朗香教堂可以说是勒·柯布西耶的突变之作。之前，他在建筑创作实践中遵循的是理性主义方向，建筑外形讲求符合几何构图的形式美，倾心于使用新技术来满足新功能的现代建筑。而朗香教堂却和他以前的主张大相径庭，完全背离了早期的建筑理念，以其富有表现力的雕塑感和独特的形式使建筑界为之震惊。它造型奇特，不像是一座房屋，更像是一件混凝土的雕塑，有人把它称作是"塑性造型"的典型范例。教堂沉重的屋顶向上翻卷，像是大船的船底；墙面弯曲倾斜，开着稀稀落落大小不一的窗子；墙体与屋顶除几处支点外互不相连；阳光从它们之间的空隙射入室内。

朗香教堂虽然形式奇特，但并不是天马行空随心所欲的游戏之作，勒·柯布西耶还是充分体察了其功能要求，仔细考察了周围的自然环境，尤其是体会琢磨了朝圣者的宗教心理与情感之后才创造出来的。酷似船底的屋顶是为了承接雨水，因为当地气候干旱。弯曲的墙面是为了反射声音。他这里不局限在建筑自身，而是采用了象征手法。柯布西耶认为教堂是教徒同上帝对话的地方，所以教堂就应该是一座"思想高度集中的、沉思的容器"。教堂沉重而封闭的体型正暗示着这是一个安全的庇护所。南墙末

端挺拔而上，象征教徒之心指向天国。东面长廊开敞，意味着上帝对朝圣者的欢迎。而墙面弯曲倾斜，窗户大小不一，照射的阳光明灭暗淡反而能造成一种特殊的神秘感，使人身在其中，失去衡量水平和垂直、方向和尺度的依据，浑忘身外世界，一心向往天国，专注于与上帝的对话。古老造型的教堂所能唤起的宗教情感在此依旧弥漫着，而且被烘托得更为浓厚和深沉。

这座现代教堂使默默的小镇闻名遐迩。朝圣者、旅游者和建筑学者如潮水般涌来，人们的到来也许并不仅仅是为了聆听上帝的福音，更多的却似乎是为了一睹这座神秘而富诗意的建筑。

朗香教堂位于一处山顶，衬托在碧绿的山间，方圆数里内都可看见。因为该教堂主要的宗教仪式在户外进行，因而内部规模不大，可容纳一二百人。教堂前供教徒在宗教节日礼拜用的空地则十分宽敞，可容纳10000多人。

朗香教堂突破了教堂的历来模式，采用抽象主义手法突出象征意义，以混沌奇特的外部造型和具体设置，隐喻着宗教所本质含有的超常精神和感召力，是一个表意性建筑。

朗香教堂的主体建筑——祈祷室更像是一座粮仓。墙面由灰色的混凝土砌成，如岩石般厚重粗糙。东面的屋檐下是一个开敞的空间，意味着对广大朝圣者的欢迎，一个弧形的阳台从墙上挑出，当前来的教徒太多时，牧师就在这里向广场上的人群布道。

朗香教堂的入口处在西南角的塔状实体与南面一片卷曲的墙面之间，是一个凹进的空间，但在这却找不到门，一幅抽象绘画掩盖了门的形式。

>>> 朗香教堂的造型打破了建筑由墙面、屋顶等构成的普通概念。

进入教堂立刻会笼罩在一片幽暗的气氛中。因为室内没有大玻璃窗可以直接迎接明亮的阳光，光线主要透过屋顶与墙面之间的缝隙和镶着彩色玻璃的窗洞投射下来，忽明忽灭，使室内产生一种特殊的氛围。室内的主要空间也和外部的造型一样看不出规则，墙面呈弧线形，东端圣坛墙面上斑斑点点的小洞透射着光芒，星星点点地闪亮。南面的光线透过厚达数米的墙壁像雾气般飘入，仿佛来自天国的幽灵。红色、黄色、蓝色、绿色的颜料随意地涂抹在玻璃上，形状抽象，就像中世纪哥特式教堂中色彩斑斓的马赛克玻璃。其实，教堂如此设计，并不是漫不经心，而是仔细研究过光线的精心安排。在教堂墙壁非常厚的那面，粗糙的白色墙面上开着大大小小的方形或矩形的

窗洞，上面嵌着彩色玻璃。而在其他墙面，窗户就变成了以不同角度挖掘的隧道。这样，随着太阳的移动，整个室内仿佛也有生命似的跟着改变。

这个教堂的设计中，勒·柯布西耶把重点放在建筑造型和建筑形体给人的感受上。他摒弃了传统教堂的模式和现代建筑的一般手法，把它当作一件用混凝土雕塑的作品来精雕细造。为了塑造外观的不规则性，他四处规划了一系列的直角和平行线，都是严格依照尺寸而定的。就如同他自己所说："我们的眼睛是为了在光线中欣赏正方体、圆锥体、球体、圆柱体或角锥体等美妙的原形而生的。一如我们宇宙共通语言的基础乃是几何学、纯数学

>>>朗香教堂。

的各种比例。"他看似不经意的设计实际上却是颇费心力与曲折的。墙顶和屋檐之间有一道窄缝，以体现墙体并不承重。从缝隙中也可以透进光线，使内部充满斑驳陆离的光影。东墙内凹，北墙和西墙向外突出，形成3个壁龛。墙用石头砌成，由粗糙的白色粉刷。屋顶用钢筋混凝土浇筑，挑出很远，又向上翻转，有意露出木模板的粗痕，而且这个建筑的每个面都不相同。教堂以粗糙敦实的混沌形象表达出一种非常原始的精神气质，似乎是自有天地以来就矗立在那里的一座凝结着时光的岩石。

朗香教堂在许多人看来是一座最叫人不安的建筑，它的非同一般的外形，时而外伸，时而内嵌，或包含或敞露，屋檐高高挺起直升向上，似一个不可名状的现代雕塑，各种形态互相呼应，又互相排斥。为此许多现代主义者深为其非理性的形状和难以琢磨的隐喻而不安，认定这是件极不合理的建筑物，是现代主义的退化，是用新材料做原始人的窝棚。

勒·柯布西耶对这个教堂的处理曾具体解释说，封闭的厚墙能使人产生安全感，象征为上帝的庇护所，有点像是耳朵的平面为的是要使上帝直接听到信徒的呼声，南墙东端那条锐利的边棱，直指苍穹，寓意为人与上帝的交流。它和人类历史上的任何建筑都没有共通点，可是，却成为人类建筑史上最具魅力的杰作之一。一位参观完朗香教堂的游客在他的日志中这样写道："建造这教堂的人一定是位先知，他要告诉我们未来的事情；要不，就是一位精神病人，在说他自己的世界。"

小贴士　一项自然美就是一种美的事物，艺术美却是对于一个事物所做的美的形象显现或描绘。　　[德] 康德

品读札记

　　朗香教堂是第二次世界大战以后，勒·柯布西耶设计的一件最引人注目的作品，其雄浑刚劲的建筑形体，如有机体般蕴涵着勃发的生命力，并且凝聚着一种悠远的诗意和许多丰富的隐喻，充分地体现出设计师对建筑艺术的独特理解和娴熟驾驭形体的卓越技艺。它可以说是柯布西耶创作生命里一篇伟大的自传，一首艰涩复杂、让人沉思冥想、具有远古气息和田园风味的伟大诗篇。它代表了勒·柯布西耶创作风格的转变，并对西方"现代建筑"的发展产生了重大的影响。在某种意义上，勒·柯布西耶的朗香教堂预示了后现代主义建筑美学的兴起。

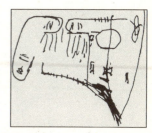

>>> 勒·柯布西耶画的教堂平面草图。

10 纽约最年轻的古迹
>>> 古根海姆美术馆

人文地图

　　纽约古根海姆美术馆被誉为是一件旷世杰作，这是当代著名建筑师赖特的最后一件作品，从设计到完成都备受争议。它独一无二、异乎寻常的空间设计对后代建筑师有着极大的启发和影响。在1990年10月30日，古根海姆美术馆被正式列为纽约的古迹，这是目前纽约最年轻的古迹，只有几十年的历史。

品读要点

　　美国的赖特是举世公认的20世纪最伟大的建筑大师之一，也是西方建筑史上最具浪漫气质的建筑大师和现代建筑的奠基人。

有人曾经赞美他是20世纪的米开朗基罗，甚至评价说："在他之后，美国还没有别的建筑师可以与他相比。"赖特对现代建筑业造成了巨大的影响。

赖特的建筑思想受到东方古典哲学的影响，反对建筑是"机器"的说法，提出了"有机建筑"的理论，主张建筑要和自然及环境有机结合，成为大自然中的和谐因素。著名的"流水别墅"就是他的重要代表作之一。同自然环境的紧密配合是该建筑的最大特色，那就像是一个浪漫主义的田园诗人的杰作。就像画家用画，诗人用诗句一样，赖特是一位以建筑为表达工具的艺术家。他还是一个注重实效的工程师，自由思想的个性主义者，一位改革者和传播福音的教士。

纽约古根海姆美术馆是他一生中最后一件作品。古根海姆是位冶炼界的富翁，其家族原籍瑞士，移民美国后经营采矿和冶炼，渐渐发家致富而成为美国炼铜业的豪门。此馆专门展出他所收集的现代美术作品。

赖特早在1943年就开始着手设计古根海姆美术馆，这是赖特在纽约设计的唯一建筑。但由于种种原因，这项工程直到1956年才正式动工，1959年10月建成开幕。遗憾的是，这时赖特已经去世了，没有亲眼看见自己作品的落成。

赖特的作品，很注重建筑形体的表现，如他自己所说："我喜欢抓住一个想法，戏弄之，直至最后成为一个诗意的环境。"他一直致力于追求一种多变而又统一，带有鲜明的节奏感和韵律感的建筑造型。古根海姆美术馆就是他晚年形式主义特色的典型代表。

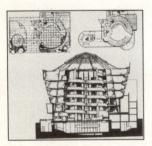

>>>古根海姆美术馆平、剖面。

古根海姆美术馆坐落在纽约繁华的第五大街上，在林立的高楼大厦之中，就像是一朵从钢筋水泥的森林中破土而出的神奇的大蘑菇。仔细看去，它上大下小、沉实厚重的螺旋形体，不显眼的人口，异常的尺度安排，平滑的白色混凝土覆盖的墙面，简洁明快不做其他装饰的外表，使这座建筑仿佛更像是一座岿然挺立的巨大雕塑，为熙来攘往的纽约大街增添一份别样的风情。在这块仅仅长70米宽50米的地段上，爆发出令人瞠目称奇的冲击与震撼。

古根海姆美术馆由陈列空间、办公大楼以及地下的报告厅三部分组成。陈列大厅是美术馆的主体部分。它的形状与一般的美

术博物馆迥然不同，是由螺旋形坡道环绕着中庭，组合而成的上大下小的倒立的螺旋体圆形大厅。开敞的中庭为圆形，一通到顶，高达30米，直径为30.5米。大厅顶部是一个花瓣形的玻璃顶，阳光由此射入，大厅里的天然光主要从这里获得。中庭四周是盘旋而上的层层挑台，一共有6层。螺旋形的坡道总长为431米，以3%的坡度蜿蜒而上。底层坡道宽约5米，直径28米左右，往上逐渐变宽变大，到顶层时，直径达到39米，坡道宽至10米，整个大厅可同时容纳1500人参观。外墙面不开窗，展品就悬挂在内表面的墙上。墙体上部开设有条形的小窗，以补充坡道的采光。

参观时观众一般先乘电梯到达最上层，然后沿着坡道缓步而下，边走边欣赏旁边墙壁上悬挂的陈列品，在悠闲漫步中不知不觉看完所有的展品。当然也可从底层往上。这样以连续的坡道连接展段的空间处理方式超于常规，别出心裁。连续上升的地面和连续的垂直曲面墙，使参观者感到一种很强的动态的流动感，保持着新鲜的趣味。

其实，赖特多年来一直在探求以一种涵盖丰富的螺旋形结构，来超越常规的几何平面结构，让空间的表达更为复杂和多元。赖特认为人们只有沿着螺旋形坡道走动时，周围的空间才是连续的、渐变的，而不是片断的、折叠的。观众从各种高度随时看到许多奇异的室内景象，这样更有利于表达美术馆的功用。为

>>> 扩建后的古根海姆美术馆。

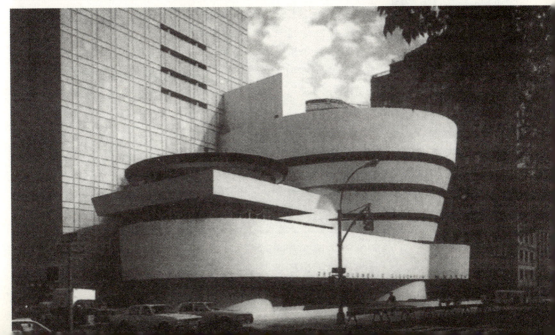

了验证自己的理论，赖特曾在旧金山专门设计了一家螺旋形的商店，又在匹兹堡建立了一处螺旋形的车库，都取得了不错的效果。所以，赖特在美术馆的设计中，进一步发扬建造了个性化的螺旋空间。他说："在这里，建筑第一次表现为塑性的。一层流入另一层，代替了通常那种呆板的楼层重叠……处处可以看到构思和目的性的统一。"

美术馆展厅的地下部分是一个圆形的报告厅，在此可举行讲座及研讨。挨着螺旋形展厅，是一座圆形的4层办公大楼，美术馆的工作人员在此办公。

古根海姆美术馆可说是贯穿了赖特晚年重视的"圆"的主题，到处是圆形设计，如圆形中庭、圆顶天窗、螺旋圆形展厅，就连门厅、电梯间，以及一些附属房间都是圆形或半圆形状，淋漓尽致地展现了赖特的艺术追求。

这个美术馆还第一次提供了一个20世纪以来还没有过的、最大的、集中的内部空间。观众既可在相对独立的展出小间中安闲宁静地欣赏艺术品，又可在宽阔的中厅感受壮阔的视野场面和川流不息的人流所焕发出的蓬勃活力。此后数年，一位叫波特曼的建筑师正是从赖特匠心独具的设计中得到启发，提出了"共享空间"的理论，并在自己设计的作品中大量应用。如在许多旅馆，他都要设置出很大的共享空间，有时甚至高达十几层。现在，"共享空间"使用的范围领域更为广泛，包括办公楼、图书馆和其他许多公共建筑。

>>> 美术馆的玻璃顶。

古根海姆美术馆新奇的造型、独具创意的参观方法使得建筑本身成为最引人的展品。但也有许多批评家指责美术馆过于奇特的外形破坏了其与周围建筑景观的和谐关系。这个大螺旋体的特殊形体如果放在开阔的自然环境中，可能很是动人，但蜷伏在林立的高楼大厦之间，就显得局促而不自然，同纽约的街道和建筑无法协调。而且美术馆内在盘旋而上的坡道上陈列美术品的确是别出心裁，可是从欣赏作品的角度来说，这种布局引起了许多麻烦。因为倾斜的墙面与坡道不太方便挂画，展品的位置很不易摆正，另外坡道的宽度对大型作品的观赏距离也有所限制，人们要停下来做远距离鉴赏时，不大方便。古根海姆美术馆在开幕时陈列的绘画都拿掉了边框。许多评论者就此指出美术馆的建筑设计同美术馆的展览要求是冲突的，建筑

>>> 美术馆新奇的造型、独具创意的参观方法使得建筑本身成为最引人注目的展品，甚至"掠夺"了人们对其中陈列的美术作品的注意力。

喧宾夺主，压过了实际的功用，赖特在建筑艺术上是胜利了，这座建筑是他的纪念碑，但他取得的是"代价惨重的胜利"——没有建造出成功的博物馆建筑。

虽说如此，但纽约古根海姆美术馆自建成后，就吸引着世界各地川流不息的参观者，他们不仅为美术馆中的艺术品所吸引，更多的是为大师设计的奇特魅力深深折服。赖特以自己天才的设计给后人留下了一个瑰丽的艺术之宝。1986年，古根海姆美术馆获得了美国建筑师协会25年奖的殊荣。

 ## 品读札记

纽约古根海姆博物馆是世界建筑大师赖特的压轴之作。它那螺旋形圆盘叠加式的造型极具原创性和美感，享誉了世界建筑界，成为许多建筑师的灵感源泉，是当之无愧的20世纪的建筑经典。

11 澳大利亚的风帆
>>> 悉尼歌剧院

人文地图

悉尼歌剧院坐落在澳大利亚的著名港口城市悉尼的贝尼朗岬角上，它依山临海、造型新颖奇特，既像洁白如玉、清雅俏丽的贝壳漂浮在海面上，又像在风浪中迎风起航、飞洒灵逸的帆船，与蓝天碧海交相辉映，巧妙和谐地融为一体。它既是艺术化的建筑，更是建筑化的艺术，被公认为20世纪最美丽的建筑物之一、建筑史上的经典之作，是悉尼的标志和澳大利亚的象征。

品读要点

悉尼歌剧院作为澳大利亚标志性建筑是闻名世界的旅游胜地，吸引着络绎不绝的游人。它最引人注目的是它的奇特造型，既像贝壳，又像风帆，有一种别具一格却又倾倒众生的风情。

说起悉尼歌剧院的建成，可谓一波三折，像是一幕跌宕起伏、复杂传奇的戏剧，喜怒哀乐几味杂陈。1956年任澳大利亚总理的凯西尔在一位担任乐团总指挥的好友的建议下，决定在悉尼兴建一座歌剧院，并向全世界征集设计方案。有来自32个国家的223个方案参选，美国著名建筑师沙里宁等人组成评委会对其进行评选。沙里宁看过初选出的几个方案均不满意，当他从淘汰的方案中看到丹麦建筑师伍重的方案时，立刻被图纸上那独具匠心的构思和脱俗超群的设计震撼了。虽然那根本算不上是正规制

>>> 悉尼歌剧院鸟瞰。

图，只不过是一张素描的示意草图，但沙里宁却坚信那是艺术的珍品，是伟大不凡的建筑。他力挽狂澜，勇排众议，最终说服了其他评委，确定当时年仅38岁、名不见经传、以前也从未到过悉尼的伍重为优胜者。悉尼歌剧院可以说是从纸篓里捡回的20世纪世界建筑史上的奇迹。

　　歌剧院独特的造型设计，使它在众多的竞争对手中脱颖而出，但要把伍重方案的壳体形象付诸实践，却面临着巨大挑战，要克服一系列复杂而困难的技术课题。1959年，歌剧院正式破土动工，但中间几度停工，仅为研究和设计壳片的结构，以确保其不会崩塌就用了整整5年时间，施工费时3年多。负责结构设计的英国著名工程师阿鲁普称"这不是一项业务，简直是一次战役"。许多人讽刺它是"未完成的交响曲"，怀疑工程是否能够最后完工。

　　耗资巨大的工程费用问题，竟然成了当时朝野两党权力斗争的焦点和筹码，支持歌剧院工程的工党政府因被对手攻击为"不惜巨额财力建一个世界上最大的歌剧院是奢侈和浪费，把大部分财力用于悉尼歌剧院的建设而忽略了医院和其他福利事业方面的投资，置人们的生死于不顾"而在1965年的大选中下台。新一届政府继任后，以造价超过当初预算的5倍为由，拒付所拖欠的设计费，同建筑师伍重发生了激烈的争论，矛盾不

>>> 悉尼歌剧院在设计和建造时便饱受非议，但它建成后却赢得了赞誉，成为悉尼乃至澳大利亚的标志之一。

断激化，最终伍重于1966年愤然离开澳大利亚，当时，歌剧院已完成了1／4的工程。从那时起，伍重再未踏上澳大利亚的土地，即使完工后的悉尼歌剧院以其独特的美丽获得了全世界的瞩目，成为澳大利亚的象征，他也未曾回来看过一眼。伍重离开后，工程由澳大利亚的建筑师合力，终于在1973年完成，并于同年10月20日举行了开幕式，邀请了英国女王伊丽莎白二世亲临现场。

至此，悉尼歌剧院经过14年的艰难曲折终于建成，总计金额达1.02亿美元，是原来预算的14倍。

悉尼歌剧院自建成以来，就被世界上许多艺术家公认为世界上最有灵感的建筑。著名的交响乐团、芭蕾舞团、歌剧团、音乐家均以能在此演出为荣，为世界各地旅游者和艺术家们向往的地方，每年都有数百万人出席在这里举行的各种活动，参观者更是络绎不绝。

悉尼歌剧院是澳大利亚全国表演艺术中心，又叫海中歌剧院。它矗立在澳大利亚悉尼市的贝尼朗岬角上，三面环海，南端与悉尼市内植物园和政府大厦遥遥相望，环境位置十分优越。在悉尼市的任何地方，只要登高眺望，就会看到这座构思新奇大胆、建设巧夺天工的建筑。倚靠着海湾上著名的悉尼铁桥，悉尼歌剧院好像是重叠的巨型风帆在迎风招展，又好像是晶莹洁白的大贝壳巧妙堆叠。设计师在构思时从日本的古代建筑的屋顶中得到启发，不但要做到建筑的四面富于感染力，而且还想使得从空中或更高处观看同样美丽壮观。如同伍重所说："悉尼歌剧院是以屋顶取胜的建筑之一，它完全暴露于来自各个方向的视野，人们可以来自空中，或泛舟于其四周的水面。在这个引人注目的位置上，实在不该出现一栋毫不强调屋顶特性的建筑。应该以一种雕刻的手法来处理。"为了更出色地表达建筑与太阳、光线、云朵之间的相互作用，使建筑充满活力，伍重将所有屋面都铺上瓷砖，使得阳光、月色、云影的变幻在壳面上产生变化多端的光影效果。沐浴在灿烂的阳光下，悉尼歌剧院闪烁着莹白的光芒，而当夜晚燃起万千灯火，它又愈发显得晶莹剔透。

悉尼歌剧院占地近2万平方米，长183米，宽118米，主体建筑采用贝壳形结构，外观为三组巨大的壳片，耸立在一南北长186米、东西最宽处为97米的钢筋混凝土结构的基座上。第一组壳片在地段西侧，4对壳片成串排列，3对朝北，一对朝南，内部是大音乐厅。第二组在地段东侧，与第一组大致平行，形式相同而规模略小，内部是相连的歌剧厅和话剧厅。第三组在它们的西南方，规模最小，由两对壳片组成，里面

是餐厅。这些壳片是由2194块每块重15.3吨的弯曲形混凝土预制件拼成的，壳形屋顶中最高的为67米，相当于20层楼的高度。所有的壳片外表都覆盖着莹白闪烁的白色瓷砖，都经过特殊处理，能抵御海风侵袭，共有100多万块。

>>> 悉尼歌剧院自建成以来，就被世界上许多艺术家公认为世界上最有灵感的建筑。

整个建筑群的入口在南端，有宽97米的大台阶。桃红色花岗岩石铺面，据说是当今世界上最大的室外台阶。车辆入口和停车场就设在大台阶下面。

走进剧院，犹如进了水晶宫一般，剧场宽敞明亮、富丽堂

皇。在悉尼歌剧院这座世界罕见的建筑群中，音乐厅最为壮观。演奏台建在大厅的正中，环绕演奏台，是2600多个风帆状的座位。大厅的墙壁、屋顶和座位都用特殊材料制成，以取得最佳的音响效果。后壁顶端耸立着有1万多根铜管的大型管风琴，最大的一根铜管长达9米，重340公斤。据说，这是目前世界上最大的管风琴。歌剧厅有半圆形的座位1500多个，在每个座位上都能清晰地看到舞台上的演出。舞台非常宽阔，台上悬挂着澳大利亚艺术家用高级羊毛织成的大挂毯，挂毯为红色，图案用红、黄、粉红3色组成，好似道道阳光普照大地，人称"太阳之幕"，在灯光的照耀下，艳丽夺目。话剧场可容纳500名观众，舞台上是一幅"月亮之幕"挂毯，长9米，宽16米，用蓝、黑、白、棕、黄5种羊毛织成，看上去恬静悦目，给人以月夜朦胧的幻觉。

　　休息室设在壳体开口处，由2000多块高4米、宽2.5米的玻璃镶成的玻璃墙面，令人叹为观止。凭墙眺望，美丽的悉尼海湾风光一览无余。旁边的餐厅，名为贝尼朗餐厅，每天晚上可接纳6000余人进餐。此外还有电影厅、大型陈列厅、接待厅、5个排练厅、60多个化妆室、图书馆、展览馆、演员食堂、咖啡馆、酒吧等大小厅室900余间。他们都巧妙地被设置在底座里。这些厅室装饰华丽，布置讲究，颇具艺术色彩。悉尼歌剧院已经不仅仅是一个歌剧院，更是一个综合性的文化艺术演出中心。它的魅力，主要在于其独特的屋顶造型及其和周围环境浑然一体的整体效果，诗情画意，美不胜收。

品读札记

　　悉尼歌剧院以其构思奇特、工程艰巨、气象壮丽而蜚声世界，而由它所引发的非争论，也是旷日持久。正如皇家澳大利亚建筑学院院长所说："伍重先生的经历表明，冲破世俗，把新的梦想带进城市是极其困难的。"但随着岁月的流逝，悉尼歌剧院在时间的考验中越发展现出它超凡脱俗的动人魅力。伍重本人在85岁高龄获得了普立茨奖，它是建筑学里的"诺贝尔奖"。评奖委员会评价他说，伍重先生不顾任何恶意攻击和消极批评，坚

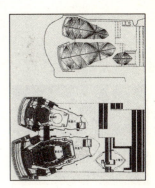

>>> 悉尼歌剧院平面图。

品读世界建筑色

持建造了一座一改传统风格的建筑，设计了一个超越时代、超越科技发展的建筑奇迹。这也表明了建筑界对悉尼歌剧院这座巧夺天工的建筑奇葩的最终肯定。

12 坍落的神话
>>> 纽约世界贸易中心

人文地图

世界贸易中心的双子楼是纽约最高的摩天大楼，也是美国华尔街金融中心的标志和象征。它是美国一直引以为傲的标志性的建筑，整个建筑发挥了现代钢筋混凝土的典雅精美，在世界各地都被奉为摩天大楼的典范。但在公元2001年9月11日的恐怖袭击中，这两幢傲视群雄的大楼轰然坍塌。这一灾难性的事件给美国历史甚至整个世界造成了极为深远的影响。

>>> 世贸中心一层大厅。

品读要点

位于纽约曼哈顿岛上的世界贸易中心曾经是世界上最大的贸易中心。它高昂在纽约港口的双子形象闻名于世，是世界上最著名的摩天大楼。它的建成一举打破了纽约帝国大厦雄踞世界最高建筑宝座42年的纪录。其英挺伟岸的雄姿，最高最强的气势，成为美国经济蓬勃发展的最佳代表，缔造了摩天大楼高直永固、傲视世界的神话。但2001年9月11日，一声巨响，击碎了这曾经最令人炫目、最无可置疑的神话。世贸中心的双塔大楼受到两架飞机自杀性的撞击后，在爆炸中轰然倒塌。昔日的摩天大楼只剩下了一片废墟，不复存在。这个灾难性的事件在全世界引起了巨大的反响，除了政治、经济等其他重要方面的影响，就其建筑本身

的问题也引起了整个建筑界的思考和探讨。

世贸中心被撞后，帝国大厦又成了纽约最高的建筑。其实，这个昔日的世界最高建筑，在56年前，也经历过一次飞机的撞击。当时一架巨型轰炸机在大雾中迷失方向，误撞上大厦的第79层。但大厦并没有受到致命的打击，只在局部出现了损坏，引起一部电梯震落，大厦整体安然无恙，没有太大伤亡。而高耸入云的世贸中心，在世人眼里是纽约及美国支柱一样的建筑，是繁荣美好永世无忧的美国梦的象征。如果不是恐怖分子采取的自杀性袭击，任何人都无法想象它会从地平线上如此惨烈地消失。1986年去世的世贸中心的主要设计者山琦实如果还活着，他一定会为世贸大楼的倒塌而惊讶万分。当初曾参与设计的阿伦·斯沃克西就一直未从大楼倒塌的惊愕中恢复，他说："这样的高楼即使被撞出一个大洞，也不应该倒塌。"英国设计专家弗兰克·达菲说："这没什么好奇怪的，它们没有考虑到，数千加仑煤油燃烧会产生极大的热量，在那种情况下，钢筋几乎会变成黄油。顶层被飞机撞击后开始坍塌，巨大的重量压倒了下面的楼层，造成整个大楼内爆。"许多专家和学者都在为世贸中心缘何坍塌做深入

>>>纽约世界贸易中心。

的探寻和研究。大部分学者都和弗兰克一样，认为大楼坍落的原因主要是因为飞机撞上大楼后，引起的大火在瞬间达到1000多摄氏度，大楼的钢架结构禁受不住这样高的温度而迅速熔化，从而导致了整个大楼的坍塌。许多建筑师认为，残酷的"9·11"事件标志着一个建筑时代的结束。有的建筑工程师甚至断言："美国返回摩天大楼时代可能需要几代人的时间。"纽约世贸中心可以说是带走了摩天大楼建筑神话的象征。

纽约世界贸易中心原址位于美国纽约曼哈顿市区南端，西临哈德逊河，雄踞纽约海港旁，是美国纽约市最高、楼层最多的摩天大楼。大楼由美籍日裔建筑师山崎实和多斯建筑事务所联合设计。业主是纽约州和新泽西州港务局。山崎实在设计中运用了传统的美学法则使现代的材料与结构发挥出规整、端庄与典雅的庄严感。建筑手法干净利落，细腻精致。建成后的大厦外形典雅修长、高挺雄伟，比例优美和谐，具有高度装饰化的特点和历史韵味，并且功能设计完备齐全，因而赢得了广泛的赞誉。

世界贸易中心一共占地6.5万平方米，是一个由6幢大楼组成的建筑楼群，包括一座饭店、一座海关大楼、两座供重要的政府贸易机构使用及国际商品展出的9层大楼。还有两幢就是世贸中心的主体建筑了，它们是一对高度、外形、色彩完全一样的建筑，就像是一对孪生兄弟屹立在纽约港口边，通称为"双子大楼"。

世贸中心的双子大楼房屋造型以基本的几何形状为主，简单齐整，是边长为63.5米的方形柱体，上面是平直的屋顶，轮廓方正。两幢大楼建筑面积合计有93万多平方米。一共耗资14亿美元。大楼每幢高达411.5米，一共有117层，其中7层建在地下。由于大楼高度惊人，高层与底层之间的温差竟多达十多度。大厦顶部的风速为每小时225千米，所产生风压每平方米可达400公斤。在普通的风力下，楼顶摆幅为2.5厘米，实测到的最大位移竟然可达到28厘米。

>>>世贸中心底部。

世贸中心大楼采用钢架结构，9层以下承重的外柱间距为3米，9层以上的外柱间距为1米，大楼外墙是排列紧密的钢柱，外面再包以银色的铝板和玻璃窗，共计有20多万平方米，它们在阳光下闪闪发亮，十分醒目，有"世界之窗"的美称。两座塔楼共消耗钢材19.2万吨。

世界贸易中心墙面全部采用石棉水泥，裸露的钢结构部分喷

美是一种善，其所以引起快感，正因为这善。

[古希腊] 亚里士多德

涂上了3毫米厚的石棉水泥防火层。每个安全区都备有消防龙头，顶部的机械层内放有一个容积为18.5升的水箱，大楼各处都装有烟感报警器和专门排烟的设备。只要烟的浓度达到一定的程度，报警器马上就会通知消防队，如此完善的防火措施可及时快速地解决火警问题。但它们在"9·11"这样一般难以想象的巨大灾难面前也是难以救急。

大厦内部为了解决超高层建筑的交通问题，每座塔楼都设有108部电梯，其中快速分段电梯23部，运行速度为每秒8.1米，这样，从底层到达楼顶还不到一分钟的时间，简直是神速。大楼还设立有85部的分层电梯，保证到达各层的需要。此外，还有专门的几部货梯，用做专门的使用。100多部电梯共可以同时把13万人送往不同的高度。

在运输方式上，大楼采用分段运输的方式。整个大楼在底层、44层和78层设有三个大厅作为大停靠点，住客和游人可以利

>>>纽约世界贸易中心。

用每分钟运行486.5米、载客量为55人的大型高速电梯直接到达最靠近需要的停靠点大厅，然后，再根据自己的目的地选择分层电梯。这样就保证了人们能够最快速、最省时地到达需要的地点。大楼里还有几部高速电梯从底层直达第107层或110层，并可直通地下的停车场和地铁站，这样可以迅速地将出入于世界贸易中心的工作人员及客商疏散。这样井然有序、条理分明的安排大大疏散和分流了人群，极大地缓解了楼内的交通运输问题。

世界贸易中心的各种商业服务设施相当完备。在44层和78层两层的停靠点大厅设有各种服务和商业设施，可让人随意采购和提供各种服务。大楼第107层设有快餐厅，可以同时供应2万人进餐。110层设有瞭望厅，游客可搭乘高速直达电梯到达顶层，不到一分钟就可到顶，平稳而快速。当人们站在110层的瞭望厅极目远眺，整个曼哈顿尽收眼底，并且视线可达72千米的远处。东北面有一个约为2.03万平方米的大型广场，从广场上可以直接进入双子大厦的二层。塔楼底层出入口在西面和南面，通向街道。塔楼的地下第一层是纽约最大的综合商场，贯通整个建筑群和广场。地下第二层是地下火车站，并有3条地铁线在此经过设站。地下另外的四层是车库，可以停放2000辆汽车。

世贸大厦被誉为"现代技术精华的汇集"，是一座超大型的综合性办公楼，从建立之日起，便成为世界各大财团首选的办公地。它共有87万平方米的办公面积，分租给全世界800多家世界性的大型贸易机构。大楼附设有为大楼客户服务的贸易中心、情报中心和研究中心。贸易情报中心库和全世界100多个贸易中心的电脑相连，可以迅速回答6500万个有关世界贸易的问题。整个世界贸易中心可容纳5万人在此工作。每天迎来送往的客人可达8万人次。

美国世贸中心的造型和高度，一直被建筑界和评论家所关注，评价不一。赞美者说它是现代建筑艺术的经典，反对者却批评它只是一个拼命向空中延伸的方块，是精神空虚的躯壳和建筑艺术的倒退。不管怎么说，世界贸易中心大厦的建成表明了人类建筑技术已经达到了很高的水平。

品读札记

美国世贸中心是20世纪世界建筑史上的杰作，它的建筑结构和形式

精细典雅，完美地体现了建筑师的建筑主题思想——亲切与文雅的优美，是美国超高层建筑各方面成果相结合的产物，见证了人类力量的伟大。它的倒塌在人类历史上留下了一曲悲壮的挽歌。现在，人们只能从存留的影像和图片中缅怀它们的英伟风姿了。

KUAISUDUSHUFA

伊斯兰教、佛教和基督教是世界上影响最大的三大宗教。伊斯兰教于公元7世纪由穆罕默德创建。在伊斯兰教创建之初，为了巩固宗教的权力，穆斯林们就创建了伊斯兰建筑。它采用穹顶覆盖的集中制形式，这在一定程度上受到拜占庭建筑的影响。随着阿拉伯人的征战，伊斯兰教和伊斯兰建筑传向世界各地。

伊斯兰建筑带有叙利亚、波斯和撒马尔罕的韵味，也有麦加和麦地那的特色，但其中没有任何一处建筑可以单独表现伊斯兰建筑的特色。伊斯兰建筑的主要特征，不是表现在其建筑风格上，而是在于它将注意力集中在室内的安排上。室内的装饰有美丽的阿拉伯几何图案、《古兰经》经文、植物，这样的装饰给祈祷者一种朦胧而神秘的感觉。

伊斯兰建筑的主要类型有礼拜寺和圣者陵墓。其中最引人注目的有伊拉克的萨马拉大清真寺、麦加的克尔白大寺、伊朗的皇家礼拜寺、印度的泰姬陵等。萨马拉大清真寺是世界上最大的伊斯兰寺院，其规模宏大，气势磅礴，向人显示出伊斯兰教的巨大感召力和凝聚力。泰姬陵是伊斯兰教的结晶，是世界上最动人心魄的奇观之一。它没有别的陵墓的冰冷、阴森、恐怖，它清新、明快、雅致，被称为"印度的珍珠"。泰戈尔曾说泰姬陵是"挂在时光脸颊上的一颗泪珠"。

品读

快速读书法

伊斯兰建筑

◎ 第七章

1 伊斯兰最大的礼拜寺
>>> 萨马拉大清真寺

人文地图

　　萨马拉大清真寺是迄今为止最大的伊斯兰教寺院。它规模宏大，气势恢弘。寺中最引人注目的也最著名的建筑就是它巨大的螺旋形的宣礼塔。它高立于寺院平整的布局中，雄奇伟丽、别具风格，造成了极富戏剧性的震撼效果。

品读要点

　　伊斯兰教于公元7世纪初兴起于阿拉伯半岛，创始人是穆罕默德。穆罕默德及其信徒发展了伊斯兰教，建立了宗教、政治、军事、经济相结合的社团和制度，基本上实现了阿拉伯半岛的统一，奠定了未来政教合一国家的基础。632年，穆罕默德去世后，他的后继者哈里发（伊斯兰国家的统治者称为"哈里发"）以圣战为名义，发挥其军、政、教合一的优势，开始了对外扩张，其势力东到中亚和印度河流域，西达非洲北部，并进占了西班牙。公元8世纪中期形成了横跨亚、欧、非的阿拉伯帝国。

　　随着阿拉伯帝国的形成，伊斯兰教在世界范围内得到广泛传播，在其传播过程中也吸收了不同种族、不同地区的文化艺术，进而发展了一种以伊斯兰教信仰为主导的生活方式和综合的整体文化。伊斯兰教最初并没有什么大型建筑。在穆罕默德反对偶像崇拜的禁令下，所有地方神的雕像全被捣毁。

　　伊斯兰教信仰的核心是绝对的一神论，即对真主安拉的绝对的唯一的顺从。在伊斯兰教兴起的早期，穆罕默德去世之后的半个世纪内，因

小贴士 锡南（Vinan, 1489—1578）：土耳其最伟大的建筑师，他从1538年至辞世为止，都担任奥斯曼宫廷的首席建筑师，古典风格的奥斯曼圆顶清真寺，在他的努力之下达到极盛。

>>> 伊拉克萨马拉大清真寺螺旋形宣礼塔。

为伊斯兰阿拉伯人大多还没有固定住处，基本上是结成游牧部落散居各地，所以穆斯林的祈祷场所一般都是临时凑合的。但它们有一个共同的特点，就是在里面一定要标示出麦加的方向以作为穆斯林祈祷的方向，一般用一排柱廊加以强调，或者直接把入口置于麦加朝向的正对面。

从公元7世纪末开始，穆斯林统治者建立了稳固政权，便开始大规模地兴建清真寺，以巩固宗教的权力。清真寺按照伊斯兰教的圣书《古兰经》的教诲，在建筑安排及内部装饰上有许多自己的特点。伊斯兰教要求穆斯林每周5次进寺礼拜，尤其是星期五必行聚会，所以清真寺的殿内空间都比较大。清真寺拜殿的朝向还是秉承以往的麦加方向。这里的麦加实际上指代的是麦加城里的克尔白大寺。克尔白大寺被称为"禁寺"，是穆斯林的精神中心。《古兰经》中多次提到礼拜时面向克尔白大寺的重要："为世人而创设的最古的清真寺，确是麦加的那所吉祥的天房，全世界的向导……""我以天房为众人的归宿地和安宁地""你应当把你的面转向禁寺。你们无论在哪里，都应当把你们的脸转向禁寺。"这决定了世界各地清真寺的方向。当穆斯林们面向殿内的圣龛礼拜时，同时也就朝向了克尔白大寺。此外，因为伊斯兰教要求人们在礼拜前进行清洁（《古兰经》说："真主喜爱洁净的人。"），所以，在礼拜寺里一般都会有水池或喷泉。礼拜寺的周围还常有高塔，它们被称为宣礼塔，每当礼拜时间将到，宣礼师便会登上高塔，高呼着向四方召唤信徒。

清真寺最初的建筑形式及寺内设施都很简单淳朴：一块围起来的地方，面向麦加的一面作为正墙，位于正墙正中是圣龛，圣龛右边设讲经坛，供讲经和领导祈祷之用。正墙一边设柱廊以遮挡阳光。寺院中还有行沐浴礼用的水池。在寺院四隅还有一个或数个宣礼塔。这些设施，确立了世界各地清真寺的基本形制。随着伊斯兰教的兴盛，清真寺的建筑和装饰上也越加复杂和壮丽，简单的柱廊演变为多柱式，祈祷室加高、加宽成为正厅。为了突出圣龛，正厅上部增加了象征着真主的圆顶，气势恢弘。圆顶几乎成为整个伊斯兰世界清真寺的标志，在伊斯兰教传播的地方几乎处处可见。

著名的萨马拉大清真寺位于伊拉克的萨马拉城。萨马拉在公元836年以后，曾两度作为哈里发的都城，哈里发在此曾修建了许多规模宏大、气派讲究的工程，"萨马拉大清真寺"是其中的典型代表。萨马拉大清真寺被称作世界上最大的清真寺。它南北长238米，东西宽155米，总面积有40000多平方米，十分庞大壮观，从空中俯瞰更能感受其规模

宣礼塔（Minaret）：建筑在清真寺近处或属于清真寺一部分的塔楼。宣礼人从此处召唤信众来祷告。

>>> 马尔维亚宣礼塔的设计雄奇浑朴，不同凡响，具有质朴古拙的原始美。

的宏大。它的建筑形制与基本面貌是当时清真寺的典范。大清真寺平面呈长方形，中轴线指向麦加的朝向，中间有一个侧堂环绕的庭院，长为145米、宽100米，侧堂导向着麦加的朝向。依据《古兰经》，信徒必须朝向麦加礼拜，萨马拉城在麦加的北面，所以整个清真寺的中心——礼拜殿设在寺院的南边。礼拜殿的规模也是全寺最大的，一共进深9间。东、西两边的殿堂进深为4间，北面进深为3间。在麦加朝向那边的正中央有个小小的神龛作为标志，称做"米拉伯"。

萨马拉大清真寺中有一半的面积是由有464根立柱支持的木顶覆盖的。殿堂的柱子是复合形的，内里是大理石的八角形砖柱，四面又再各附一个壁柱。柱子直接支承着木构的平屋顶。这

些木顶和墙面上原来镶有的镶嵌画现在已荡然无存。

　　整个清真寺大寺被高大而厚重的砖墙包围，墙面上每隔15米有一个半圆形的塔状扶壁，墙头上原有雉堞。清真寺一共开设了13个大门，正门在北面。每个门洞上原来有着木制的楣梁，楣梁上的拱壁装饰着浮雕，十分精美。

　　萨马拉大清真寺中最著名也最壮观的建筑就是宣礼塔。它建于公元837年，位于清真寺北面正对着大门的位置。它的轴线与寺院重合，并有坡道与清真寺相连。宣礼塔名为"马尔维亚"，意思为"蜗牛壳"。宣礼塔的塔基为正方形，一共有两层，底层边长约30米。在上层台基上高耸着巨大的圆柱状塔体，越往上越细。一条螺旋的梯道围绕着塔体盘旋上升，旋绕四圈直达塔顶的小圆殿。整个塔体高达50米，用砖砌成。

　　马尔维亚宣礼塔是伊拉克阿巴斯王朝时代建筑艺术的杰作。它的设计雄浑朴拙，不同凡响，显露着一种质朴古拙的原始之美，从中可以立刻感到早在公元前2000多年由苏美尔人建造的观象台的影子（观象台是方的，在公元前6世纪中叶以前亚述和新巴比伦时期曾被广为兴建），再现了古代美索不达米亚高塔的风采。直立而高耸的塔体与脚下横向伸展的寺院产生强烈的对比，使塔体更显挺拔雄伟。塔身的材料、细部装饰又和整个清真寺一致，和谐而统一。高和低、平和起、混沌与壮丽、奇伟与规整、互相对比和映衬，使得萨马拉大清真寺不同凡响、雄奇壮丽，显示出伊斯兰教巨大的感召力与凝聚力。也许这种设计也意味着当时哈里发王朝向全世界宣告自己要建立雄伟霸业的野心和抱负。

品读札记

　　萨马拉大清真寺是伊斯兰古建筑中最具代表性的建筑，它完美地体现了伊斯兰礼拜寺的基本样貌，尤其是它的巨大的螺旋形的马尔维亚宣礼塔为伊拉克古迹中最具特色的建筑，具有极高的艺术价值和历史文化价值。

2 爱与美的结晶
>>> 泰姬陵

人文地图

泰姬陵是莫卧尔王朝最杰出的建筑物，它倒映在庭院中央水池中的形象，高雅清丽、纯净和谐，充满了幻想般的神奇风貌，是世界上最著名的建筑景观之一。它号称"印度的珍珠"，是印度最完美的穆斯林珍宝。

品读要点

泰姬陵是世界上最动人心魄的奇观之一。当初，为了建造这座陵墓，曾动用了22000名男女，每天工作24小时，一共耗用了23年之久。它的兴建还有着一段缠绵悱恻的动人故事。

泰姬陵是沙贾汗皇帝为了纪念自己的爱妻——和他结婚19年、于生产第14个皇子时不幸去世的孟泰兹·玛哈尔而建造的。它印证了一个男子对一个女人的深情厚爱，是举世无双的爱情象征。沙贾汗是印度的莫卧尔王朝的第五位皇帝，在位期间为1628年至1658年。据说他是蒙古征服者帖木儿和成吉思汗的后代。他既是有名的艺术资助者，亦是伟大的建筑师。在他统治期间，莫卧尔帝国在政治及文化上皆处于巅峰。15岁时，沙贾汗还是霍拉姆王子，爱上了首相的女儿贝格姆。她那时芳龄14岁，美丽聪颖，而且出身名门，与沙贾汗看来十分匹配。然而，沙贾汗必须按照传统，实行政治联姻，娶一个波斯公主为妻。不过，伊斯兰教法律规定男人可以娶4个妻子，因此，在1612年星象大吉之时，沙贾汗终于迎娶了贝格姆。其后，经过长达5年的订婚期，

>>> 泰姬陵是世界上最动人心魄的奇观之一。

他们才举行婚礼，而在这5年期间两人不可见面。婚后，贝格姆改名为玛哈尔（意为"王宫钦选的人"）。

玛哈尔和沙贾汗皇帝婚后一起生活了19年，一直是皇帝遇事相商的伙伴，极受宠爱。1631年，沙贾汗率军前往南方戡乱，他美丽的玛哈尔皇后虽已怀孕，还是像往常一样陪伴他。可是途中出了不幸的事。他们在布罕普扎营时，她因难产而死。临终时沙贾汗问爱妻有什么遗愿。她除了要求他好好抚养14个孩子、终身不再娶外，还要他建造一座举世无双、堪与她的容貌相媲美的陵墓。沙贾汗满口应允。这就是泰姬陵的由来。

莫卧尔王朝传到沙贾汗手中，已是第五代了。王朝开国的艰难岁月已经过去，沙贾汗的祖父阿克巴早已奠定了几乎统一整个印度次大陆的帝业。沙贾汗是守成之主，国库充裕，拿得出惊人的钱财（据说多达5000万卢比）来为自己的爱妻建造死后的"天堂"。

沙贾汗回到京城后，选定朱穆纳河畔一块地方来建造爱妻的陵墓，这里，他从皇宫的窗口就可以望见，这样，他就能一直陪伴着妻子了。沙贾汗在国内广招能工巧匠，而且还从伊朗、土耳其和阿拉伯一些国家请来名匠高手参与设计和施工。据说陵墓主要的设计师是来自土耳其的乌斯塔德·伊萨·阿凡提。他先设计了好几个图样，并一一按比例用木头做成模型，然后由皇帝选定。

沙贾汗本来还计划用黑色大理石为自己建造一座和泰姬陵一模一样的陵寝。但这理想未能实现。1658年他的儿子篡位，他成了俘虏，被监禁在自己的宫中。他在这个镀金的牢笼里被囚禁了8年，每天只能隔着朱穆纳河凝望爱妻的墓。卫士们发现，他在74岁死去时，两眼仍然睁着，像在凝望泰姬陵上闪烁的光芒。

泰姬陵可称为伊斯兰世界最美丽的建筑，也是世界为数不多的建筑艺术极品之一。泰姬陵没有通常墓穴所具有的那种阴森威严、令人胆寒的气氛，而是清新明快、恬静雅致。这正反映了沙贾汗的意愿：他要爱妻继续享受人间的安乐富贵，不必孤苦地在天国淡泊苦修。

泰姬陵矗立在印度新德里东南约200千米、尘土飞扬的阿格拉平原上。它继承了左右对称、整体和谐的莫卧尔建筑传统，在建筑艺术上达到了登峰造极的地步。全部陵区是一个长方形围院，长576米，宽293米，由前而后，又分为一个较小的横长方形花园和一个很大的方形花园，都取中轴对称的布局。整个陵园占

>>>沙贾汗国王的爱妃——孟泰兹·玛哈尔。

>>> 泰姬陵内的大理石浮
雕精美异常。

地17万平方米。

　　步入正门，是一个长161米、宽123米的庭院，里面绿草菲菲，嘉木垂荫，使人顿时忘记了门外的黄土尘沙和炎炎烈日，从而进入了一个幽远宁静、令人心旷神怡的佳境。

　　往前，迎来了第二道大门，人们在第二道大门前就可以从拱形门洞里看到远处正前方的陵墓。它那纯净明丽的线条和雍容华贵的气势，会使你一下子受到某种难以言喻的震惊，令你凝视良久，不忍他顾。从第二道大门到陵墓，是一条用红石铺成的甬道，两边是人行道，中间有一个狭长的十字形喷泉水池，水池两旁整齐地栽种着深绿色的柏树，泰姬陵倒映水中，闪闪发光。蕾状圆顶高耸入云，与拱门及四座尖塔相互辉映。

　　整个陵墓是用洁白的大理石砌成的。陵墓修建在一座7米高、95米长的正方形大理石基座平台上。基座正中是陵体本身，

每边长56.7米,有四座高耸的大门,门框上用黑色大理石镶嵌了半部《古兰经》经文。寝宫居中,总高74米,上面是一个硕大的、状似大半个球形的高耸饱满的穹顶,直径18米。穹顶顶部隆起一个尖顶,直指空阔的蓝天。下部为八角形陵壁。陵墓四周有四座40米高的圆形尖塔,为防止倾倒后压坏陵体,塔身均稍外倾。这四个圆形尖塔立在基座平台的四角,仿佛是陵墓的卫士,永远恭顺而尽职地守卫在墓旁。

整个陵墓的设计,体现了伊斯兰教"天圆地方"的概念。基座是方的,陵墓下部也是方的,给人一种博大、端正和肃穆的感觉。高耸的长方形大门,居高临下,雄视四方,体现了恢弘的气势。大门的上部是圆弧形的门楣,它使四四方方的下部产生了柔和的外感。经过它们的过渡,陵墓上方的穹顶,好似一个圆球悄然升起一大半,给人一种圆润和谐的美感。穹顶四周的四个小圆顶同大圆顶交相辉映,具有一种匀称的美。有了它们,尽管主顶高耸,也不给人突兀的单调感。基座四周的四座细瘦的尖塔,既突出了陵墓隐居正中的地位,又加强了整个陵墓巍巍上云霄、一览众物小的帝王气派。整个陵墓是一个和谐、完美的整体,而其上上下下浑然一体的白色大理石的银辉,更使它显得高雅纯洁,富有女性的柔美。

走近陵墓,可以看到陵体的大理石上镶嵌着许多宝石美玉,并且组成了美丽的图案,晶莹夺目,仿佛是美女的首饰。陵堂用磨光纯白大理石建造,表面主要运用金、银和彩色大理石或宝石镶嵌进行装饰,窗棂是大理石透雕,精美华丽至极。装饰的题材多是植物或几何图案,重要部位如各面正中的大龛周围浮雕阿拉伯文伊斯兰箴言。其实泰姬陵的装饰并不过分,镶嵌雕饰的表面与石面齐平,浮雕也凸起不多,艺术家们充分认识到大理石的本色美,装饰只是附加的陪衬,服从于石头材质美的突出。

>>> 沙贾汗国王。

陵墓环境极为单纯,宁静而优美,碧水绿草蓝天,衬托着白玉无瑕的大理石陵堂,圣洁静穆。陵墓左右隔水池各有一座红砂石建造的小礼拜殿,起对比点缀作用。陵堂是运用多样统一造型规律的典范:大穹隆和大龛是它的构图统率中心;大小不同的穹顶、尖拱龛,形象相近或相同;横向台基把诸多体量联系起来,且建筑内外全为白色,这些都造成了强烈的完整感。而在诸元素的大小、虚实、方向和比例方面又有着恰当的对比,使建筑本身

统一而不流于单调，妩媚明丽，有着神话般的魅力。

泰姬陵有所创新的地方在于：过去的陵墓一般都是建在四分式庭院的中央部位，而泰姬陵则建在四分式庭院的里侧一角，背靠朱穆纳河，陵墓前视野开阔，没有任何遮拦。陵墓两边是同样形状的赤砂岩建筑，面向陵墓而立。每座建筑都有3个白色大理石穹顶，两侧是清真寺，东侧为迎宾馆，呈几何状对称外形，陵墓被恰到好处地烘托出来。

陵墓内的镶嵌装饰，更是精美绝伦。陵内中央有个八角形小室，安放着沙贾汗及其爱妃的衣冠冢，四周围着镶宝石的大理石屏风。墓内柔和的光线透过格子窗及大理石屏风上精雕细琢的金银细丝花纹，把周遭华丽的宝石镶嵌工艺映照出动人的光彩。

在短短二十几年内完成如此宏伟的建筑，成就的确卓越。沙贾汗的成功，有赖于帝国丰富的资源，包括20000名劳工负责建筑，还有1000多头大象用来运送来自320公里之外采石场的大理石，甚至有俄国的孔雀石、巴格达的光玉髓及波斯和西藏的绿松石等，由高级手工艺师加工使用。工程展开不久，英国旅行家芒迪到达泰姬陵，看到兴建泰姬陵期间的奢靡，不禁目瞪口呆地惊叹道："视金、银如等闲之物，毫不吝惜；把大理石看作普通的石头，任意使用。"可以说，泰姬陵这座历史悠久的建筑，是石匠、木匠、书法家、镶嵌工艺师以及其他手工艺者智慧的结晶。

>>泰姬陵就是完美的代言。

在泰姬陵陵园第二道南门门额，镌刻着"请心地纯洁的人进入这座天国的花园"铭文。的确，纯白的陵堂，配以大片碧绿如茵的草地，加上周围几座作为陪衬的红砂石建筑，给人的感受确实是简洁明净、清新典雅，难怪泰姬陵获得了"大理石之梦"、"白色大理石交响乐"的美誉。在阳光的映照下，泰姬陵更加夺目耀眼。尤其在破晓或黄昏，泰姬陵透出万紫千红的光芒，再添一抹金色，色彩时浓时淡；在晨曦中，泰姬陵犹如飘浮彩云间。据说，月圆之夜是泰姬陵最美的时刻，那时，一切雕饰都隐没了，只留下了沐浴在月色之下的整体的朦胧。

品读札记

印度诗人尼札米说这座宫殿"掩映在空气和谐一致的面纱里"，它的穹顶"闪闪发亮像面镜子：里面是太阳外面是月亮"，它一天之中呈现三种颜色：拂晓是蓝色，中午是白色，黄昏则是天空一样的黄色。这样的建筑简直可以说是一种完美的存在。总之，陵园的构思和布局是一个完美无比的整体，它充分体现了伊斯兰建筑艺术的庄严肃穆、气势宏伟，富于哲理。因为关于这个建筑的美丽爱情故事，又有人把它称为象征永恒爱情的建筑。

中国古代建筑和日本古代建筑是东方世界中最引人注目的建筑。

中国古代建筑、西方建筑和伊斯兰建筑是世界的三大建筑体系。中国建筑主要以木结构体系为主，它给人宁静、平和的氛围，它不同于西方建筑石头建筑的暴露、外向。这主要是由于中西方不同的文化观念、审美观所决定的。

中国古代的传统建筑主要有宫殿、陵墓和园林。紫禁城是封建礼教下建筑形制和规划的典范，也是中国古代皇宫的集大成者。它宏大庄严，是唯我独尊的封建皇权的最高象征。西藏的布达拉宫也是一座宫殿式建筑，它是世界屋脊的明珠。园林建筑的代表是苏州拙政园，它精巧别致、清新自然，体现了和大自然融为一体的和谐性。万里长城及具有现代气息的香港中国银行大厦都是中国标志性的建筑，代表着中国的文化。

日本古代建筑具有中国古代建筑的所有特点，也是以木结构体系为主。虽然日本古代建筑注重自然和谐性，但是它更注重表现建筑的空灵、洒脱、飘逸素雅。其建筑的审美观受到日本传统美学的影响，如茶室等建筑基于这种审美观念，完全摆脱了中国的影响。

日本的法隆寺是世界上最古老的木结构建筑之一，它优雅、精妙，代表了日本的飞鸟文化。严岛神社、金阁寺都是日本著名的建筑。严岛神社是日本建筑崇尚自然美的代表，是日本最优美的神社之一，而金阁寺华丽、勾人魂魄，是另一种美的代表建筑。

第八章 ◎ 中国、日本建筑

1 世界上最长的墙——
>>> 万里长城

人文地图

举世闻名的长城，以悠久的历史、浩大的工程、雄伟的气魄著称于世。它横亘在中国辽阔的土地上，东起渤海之滨的山海关，西至甘肃祁连山下的嘉峪关，中间经过数个省区，穿过无数的崇山峻岭，跨过万千的沟涧峡谷，全长6000多公里，宛如一条巨龙盘旋在起伏的群山之巅，气势磅礴，雄伟壮阔，是世界上最大的人工建筑物，堪称为人类与自然环境互动的宏伟典范。其规模之大，就连在太空上都能看到，被誉为世界第八大奇迹。

品读要点

>>> 长城慕田峪段。

长城是中国古代一项宏伟无比的防御工程，具有悠久的历史，它始建于春秋战国时代，诸侯国各自修筑长城作为防御。最早一段城墙的建造可能早在公元前400年就开始修建了。公元前3世纪，中国第一个封建帝国的统治者秦始皇统一中国后，派手下的大将蒙恬率领30万大军北逐匈奴，让他留在边境率领士兵把原来燕、赵、秦的长城连接起来，并且把它增长，西起临洮，东至辽东，绵延5000多公里，以确保国土安宁，免受北方匈奴入侵。其后，汉、北魏、北齐、北周、隋至明等朝代均曾修筑扩建长城，其中以明代的最具规模，前后修筑达18次之多，并把西端延长至嘉峪关。直到公元17世纪中叶明朝灭亡，长城前前后后一共修筑了2000多年。我们现在看到的长城主要是明朝在15—16世纪修建的。

当初修建长城的目的是为了便于防御敌人的进攻，保卫自己的国土。长城的墙体通常依照地势而建，高低宽窄各不相同，城墙上分布着成千上万的敌楼和烽火台。烽火台是用来传递军情的，又称狼烟台或烟墩，一般建在较高的山顶上，有的设在长城外面，是前哨信号，有的设在长城内侧。长城上大约共有25 000个烽火台，彼此相隔90～180米不等。守卫的士兵镇守在里面，密切地留意着长城外的情况。如果在白天遇到敌情，兵卒们就会立刻燃烧狼粪、硫黄等的混合物，借产生的浓烟向邻近的烽火台发出信号；夜间则堆放干柴，燃起熊熊大火以示警报。在长城的一端烽火台点燃烽火，只要一昼夜即可把信息传到另一端，这在古代可算是极其迅速的了。城墙顶部一般都有用砖砌成的垛口。每个垛口上设有一个小洞，为瞭望口，用来观察敌情。垛口下面有一个小孔，为射洞，用来射杀敌兵。在特别险要的地方还筑有关城，修建双重或多重的城墙，进行层层设防。

长城虽能保护修建者免遭小规模的攻击，但它最终不能阻止大规模的入侵。13世纪时，成吉思汗就率领他的蒙古铁骑横扫长城，占领了中国大部分领土。而在17世纪，山海关外的女真族人也在他们的清朝皇帝带领下，突破长城的防线，进入关内，取代明朝成为中国的统治者。

长城——世界上修建时间最长、规模最大的军事防御工程，人类所付出的代价也是相当沉重的。有人曾估计，修筑长城约需土1.8亿立方米和砖头6000万立方米，工程之浩大，令人叹为观止。在秦始皇时期，由于交通不便，只好就地取材。民工从山上采石，制成方砖；森林地带则以各种木料为模、中间填入泥土夯实而成；在戈壁滩则将土、沙和卵石混合筑成墙。筑城材料或以绳拉驴驮，或由人一个接一个运到建筑工地，可以说是辛苦异常。这其中，还有一个著名的民间故事——孟姜女哭长城，千古流传。

>>>修建在崇山峻岭中的长城。

传说，孟姜女是一位美丽的千金小姐，无意中遇到了一位俊秀的书生，两人相亲相爱，结为夫妻。但不久，秦始皇在民间征集民夫为他修建长城，孟姜女的丈夫不幸被抓走，并一去三年，音讯皆无。孟姜女惦念丈夫，就不顾自己纤弱的身体，历尽千辛万苦，千里迢迢地赶到长城脚下去寻找丈夫。但她的丈夫早就不堪劳累去世了。孟姜女闻听噩耗，悲痛欲绝，抑制不住的眼泪流

>>> 长城雄姿。

个不停，到后来，泪水流淌成河，汹涌的水流竟把一段长城给冲垮了。这段民间故事虽然是一个传说，但却如实地反映了秦始皇征集民夫修建长城，害得老百姓流离失所、家破人亡的悲惨情形。这就如同一句诗所写的：君独不见长城下，死人骸骨相撑拄。这些民夫抛家弃子，苦苦劳作，许多人不堪重负凄惨死去。修建长城的人力主要是守卫边防的士兵和征集来的民夫，正是这千万人的血肉汗泪才筑成了这个人类的奇迹。

经过2000多年沧海桑田的历史变迁，到今天，长城作为战争防御工具的实用性功能已经消退，它的审美特性却在历史的演进中不断积淀、增长。长城已经作为一件伟大的艺术品和举世闻名的中国代表建筑迎接着各国的游客。

长城的建筑形式初始都是按照实用的目的而设计的，但在今天却呈现出一种巧夺天工的艺术魅力。

原来城墙的垛口之间保持均等的距离，是为了合理地布置兵士，利于防守，现在却呈现出一种均匀、和谐的节奏感。从前在城墙上设置敌楼，是为了驻兵和储存粮草、武器，而在今天它却为长城带来一种内在的律动美感。城楼的设计与建造更具有艺术的匠心。它的层数和高度、建筑的式样以及悬挂其上的横匾，都与整个关城处于一种整体的和谐之中，显得威严、雄伟、壮观。

长城，以它绵延万里的雄姿，征服了无数的瞻仰者。从浩瀚的东部海滨，至苍茫的西北戈壁，穿过崇山峻岭，跨越危谷险崖，踏过荒漠草原，横涉大河巨川，跌宕腾挪，气象万千。在自然环境不同的地域，长城呈现出奇美多变的风姿。东部的长城，

多建于崇山峻岭之上,与山石一体。这里的长城都是用条石和砖砌成的,利用高山深谷或屏障城垣,具有险峭峻拔的气势。极目远眺,长城宛若一条曲直伸展的游龙,景象壮观开阔。在特别陡峭嶙峋的山峰,长城则倏忽隐现,忽而直上云天,忽而飞越深谷。有的地方只有1米之宽,长城就用单墙相连。两侧都是断崖绝壁、万丈深渊,它在两根铁梁之上飞崖而过,真是奇险之极,触目惊心,令人不寒而栗。有的地方山势比较平缓,长城的走势就会变得从容舒缓、轻灵秀美。

而西部的长城大多坐落在大漠戈壁之中。由于缺少砖石材料,这里的长城材料基本上是采用黄土夹以芦苇和柳条夯制而成。这种土夯的城墙与沙漠、戈壁的色调搭配和谐,融为一体。零星伫立的几座烽火台在广袤无垠的荒漠中,反倒展示出一种纪念碑式的历史永恒感。这些被滚滚沙尘磨砺得残缺、颓倒的断墙残垣充满了一种沧桑的美,让人真切地体验到"长烟落日孤城闭"的悲凉壮丽。

坐落在北京郊区的八达岭段长城是现存长城中保存最完整的一段。它盘旋于燕山群峰之中,城墙断面下宽上窄,外侧有砖砌成的垛口,垛口上部有瞭望口和射洞。这里还有堡垒式城台,多半修筑于山脊高地或城墙险要处。

处于长城东端的重要关隘名为山海关,它南临渤海,北靠燕山,地势险要,因位于山海之间而得名,有一夫当关,万夫莫开之势。明朝初年,开国大将徐达追击敌人来到此地,见这里枕山对海,为咽喉之地,故筑关在此,以镇守边防。山海关周长有4千米,宽7米,高14米,共有东、南、西、北四座城门。城门上都筑有城楼,城中心建有一座钟鼓楼,城外则有护城河。在东门城台上还建有一座两层高的箭楼,箭楼三面都有便于射箭的箭窗,共有68个。"天下第一关"的匾额巍峨地悬挂在东门之上。

嘉峪关是长城西边的终点,也是现在所能见到的西部长城最完整的一段。嘉峪关位于祁连山和黑山之间,是中原通向西域的必经之路,古代有"河西第一隘口"之称,是著名的古战场。登上城楼,西望茫茫戈壁,悲凉慷慨之情油然而生,正可谓"一片孤城万仞山"。

万里长城在群山峡谷和荒漠草原之中绵延,遥看犹如在逶迤起伏的山峦上蛰伏的巨龙,经过几千年的岁月风霜,遭受过大自

>>> 秦始皇画像。他不知让长城脚下埋下了多少白骨。

然的无情摧残与人为破坏，许多段早已坍塌，有的地方只剩下断壁残垣，不少人还擅自拆墙取砖自用，但长城始终屹立不倒，犹如一座丰碑，展示了人类不畏艰险、勇于创造、坚忍顽强的精神。

品读札记

长城建基于大地之上，以群山为座，以云天为幕，把奇伟的自然美与建筑美融为一体，展示出一种人文与自然相融合的天人合一的境界，可以说是真正的大地的艺术。它作为一种精神象征震撼着人们的心灵。它与宇宙相通的雄伟气势和深厚的精神内涵将具有永恒的崇高和壮美。

2 紫禁城的中心

>>> 太和殿

人文地图

太和殿是故宫中最为巍峨、壮丽的建筑。在修建者严格的规划下，它位于整个北京城、整个故宫的中心。它的中心位置对应着皇帝是万民的中心的封建君主的统治思想，是天下之大、唯我独尊的封建皇权最高象征。

品读要点

故宫又叫"紫禁城"，是明清两代的皇宫。中国古代将天空中央分为太微、紫微、天地三垣，紫微为中央之中，是天帝所居处。皇帝在人间，必居"紫微宫"，紫禁城之名也由此而来。它是世界上现存规模最大、保存最完整的帝王宫殿，被人们称作"殿宇的海洋"。

故宫整体布局为"前水后山"型。"前水"指的是天安门前的外金水

河及太和殿前的金水河;"后山"指的是人工堆成的土山,即景山。故宫一共占地72万平方米,建筑面积为15万平方米,宫内有房屋9 000多间(民间流传着9 999间半的说法,9为封建王朝最吉利的数字)。宫墙高7.9米,长3 400米,墙外还环绕着宽52米的护城河。

整个建筑群金碧辉煌,气势磅礴,无论是平面布局、立体效果,还是建筑形式的庄严、雄伟、和谐,紫禁城都是中国古代建筑史上的杰作,完美地体现了我国古代建筑艺术的精华。

作为帝王的宫殿,故宫还是一座名副其实的宝库,收藏着大量的珍贵文物,总计达到1052653件,占全国文物总数的1/6,其中很多文物是无价的国宝。故宫博物院是国内收藏文物最丰富的博物馆,也是世界闻名的古代文化艺术博物馆,吸引了无数中外游客前来观赏,为宣传中国古代灿烂的文化艺术传统,促进中国与世界各国的文化交流,作出了巨大的贡献。

中国的建筑强调中轴线,故宫是其中的典范。为了突出帝王至高无上的权威,故宫所有的建筑,都严格按照对称的原则,沿着一条南北走向、贯穿宫城的轴线排列。故宫的中轴线长为7.5千米。由大清门北起,过两厢千步之廊,越长安街,跨金水桥,就是至安门、端门、午门,穿太和之门至故宫的北门神武门为止。这条中轴线向南延伸至天安门、前门及外城南门永定门,向北沿景山、钟楼,至鼓楼结束,宫城的轴线与纵贯北京城的轴线重合。在这条中轴线上,故宫按照"前朝后寝"的古制,大体上由"外朝"和"内廷"两大部分组成,总计15宫。"外朝"由太和殿、中和殿、保和殿组成,称为"前三殿",为皇室办公的地方,也是政权的中心。"内廷"以乾清门为界,分乾清宫、交泰殿、坤宁宫,称为"后三宫",是皇室生活起居的地方。东西两侧为东六宫和西六宫,为嫔妃居住区,民间所谓三宫六院七十二嫔妃的说法即由此而来。故宫这庞大的建筑有如一幅徐徐展开、瑰丽壮观的长卷,更像是一首气势磅礴的交响乐曲,有序曲、高潮和尾声。如果从正阳门过午门至天安门为序曲,出紫禁城神武门至景山为尾声,那么太和殿则为全曲最精彩的高潮部分。

从故宫正门进入,穿过午门,就是太和广场。广场呈正方形,是紫禁城里最大的广场,占地面积约6.5万平方米。广场南边靠近午门有一条金水河,河上架着5座石桥,以便通行。正对

>>>太和殿。太和殿是皇帝举行大典的地方。

着金水河，在广场北部一座高为35.5米的三层汉白玉须弥座台基之上，耸立着巍峨壮观的太和殿。台基共分为三层，每层都有精美的汉白玉石护栏，护栏的望柱上雕有云龙云凤的图案。在每个栏杆下还设有能够排水的龙头，下大雨时，雨水从龙头中流出，仿佛千龙吐珠，蔚为壮观。台基的南面有3座汉白玉石阶，正中央的石阶称为"御路"，是专供皇帝登临使用的。御路上有石名"双龙戏珠御路石"，上面刻有云浪翻滚、蟠龙跃海、二龙戏珠的形象。龙这一传说中的神物，代表着神秘与尊贵，是帝王的专用象征。双龙，一个代表天帝，另一个代表人间的帝王，珠为吉祥如意珠，图案的寓意是表示人间帝王的地位是受命于天、天经地义的，万民都应顺应天道，竭诚顺从，才能保风调雨顺，国泰民安。

太和殿长有60米，并列着11间殿堂，进深有5间，占地面积2370多平方米，从地面到殿顶高约37米，是我国现存、也是世界现有最大的木结构宫殿建筑。太和殿为重檐庑殿的建筑样式，屋顶上铺就着紫禁城内普遍使用的金光闪烁的黄色琉璃瓦，这也是皇家专用的。瓦沿儿上站立着仙人走兽。

在大殿中央，6根蟠龙金柱之间是一个共有7级台阶的极为华丽精致的台座，台上正中巍立着一个有镂空花纹装饰的楠木金漆雕龙宝座，宝座上方是金漆的蟠龙藻井，金光一片、灿烂夺目。

>>> 紫禁城宫殿全景。整座紫禁城呈长方形，像北京城一样，以南北向排列，所有重要建筑物均朝南向阳。

>>> 乾清宫。乾清宫是紫禁城内廷的主要建筑,在明朝及清初是皇帝的住所。雍正年间,皇帝移居养心殿,乾清宫改作接见外国使者的地方。

这就是所谓的天子宝座了,自命为"率土之滨莫非王臣"的皇帝就是坐在这里,统治天下,领导朝臣,处理国家军政大务的。

太和殿内无论是屋顶的个数、台阶的级数,殿堂的开间,选用的数字都代表着尊贵与吉祥。而大殿内外处处可见的以龙为主题、以金为用色的彩画、雕刻都淋漓尽致地渲染、营造着至高无上的皇家气派。

太和殿是皇帝举行大典的地方,明清两代王朝的皇帝都在此举行登基大典,宣布即位诏书,共有24位皇帝在这里即位。皇帝生子、册立皇后、皇帝大婚、宣战出征等重大事宜也要在这里举行仪式。每年元旦、冬至、万寿(皇帝生日)等节庆,皇帝也要在此接受百官的朝贺,并赐宴群臣,以显皇恩浩荡。

在太和殿前的大平台上,东侧设有古代计时用的日晷,西侧是度量谷物用的容器"嘉量"。旁边还有鼎式香炉、铜龟和铜鹤等,它们是专门在大典时用来焚香的。"龟"、"鹤"都是中国传统中象征着长寿、长久的吉祥物。这些大典的礼仪用具,是江山永固的象征。

在太和殿的北面是中和殿,皇帝去太和殿之前,常在这里休息。中和殿的北面是保和殿,科举考试中最高级别的殿试就是在这里由皇帝亲自担任考官。中和殿与保和殿都是太和殿的陪衬。

小贴士

亭阁：花园或公园中的凉亭或装饰性房屋，也指大楼的附属部分，可带有如穹顶这样的显著特征。在英国也指运动场上的选手更衣房。

三殿共同坐落在呈工字形的白石台座上，台型近似一个"土"字。按照中国古代金、木、水、火、土的五行观念和方位布置。土居中央，最为尊贵，这也象征着封建皇权的尊贵地位。太和殿的东西两侧还有文华殿和武英殿，皇帝常在这里会见群臣、处理政事、举行庆典活动。

　　站在景山顶上，以太和殿为核心的故宫建筑层檐叠瓦、深殿重门尽收眼底。金色的琉璃瓦，在阳光的照射下，恍若片片黄金堆砌，恢弘壮阔，震人心魄。城内除皇家建筑外，大多为青灰的四合建筑，所以，处在灰色背景中的皇宫更凸现得气度恢弘，高贵庄严，令人叹为观止。故宫是皇权的象征，也是中国传统文化的标志，是古代无数能工巧匠智慧和汗水的结晶。

品读札记

　　太和殿是紫禁城中最有代表性的杰作，它巍然屹立的雄伟风姿、处处可见的"龙"的装饰、绚烂夺目的色彩搭配、具有象征意义的各式器具等，都充分显露出至高无上的帝王威仪。太和殿作为中国明、清两代皇朝行使最高权力的所在地，凝聚着中国古建筑深沉丰富的文化内涵和瑰丽壮阔的艺术光华。

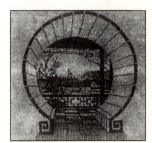

>>> 苏州拙政园月洞门。

3 精巧的"咫尺山林"
>>> 苏州拙政园

人文地图

　　拙政园是闻名遐迩的苏州古典园林的经典之作，它山明水秀，厅榭典雅，花木繁茂，湖石峻秀，以其精致巧妙的建筑构

思、高雅的艺术品位、深博淡远的意境、丰富的文化内涵而成为苏州众多古典园林的杰出典范和代表。

品读要点

苏州素有"人间天堂"的美誉，而苏州园林更是名满天下。拙政园是苏州园林中最大的一座，位列苏州四大古典名园（其余为沧浪亭、狮子林和留园）之一，还和颐和园、避暑山庄和留园并列为全国四大古典名园。

早在西汉时代，苏州就因其山明水秀、风景怡人而吸引王家豪族在此兴建园林。江南最早的私家园林是东晋的辟疆园，当时号称"吴中第一"。南宋时期，因为朝廷偏安于杭州，大批官吏、富商拥至苏杭，造园之风盛极一时，集中出现在苏州、杭州、扬州、湖州一带，而以苏州最多。到了明清两代，苏州园林的发展达到了鼎盛时期，许多江南为仕的文人告老归里后多购置田地，建造园林，借此怡情养老。尤其在明朝后期，由于北方战乱，官僚商贾纷纷南逃，在江浙一带建造宅园，规避乱世。这批文人懂书识画爱好风雅，许多人将诗书才情和家底都用在了经营自己的宅邸上，所以这个时期，江南园林的数量与质量都达到一个高峰，出现了许多风格独特、艺术精湛的私家园林，现存的苏州园林大部分是这一时期建造的。

所谓园林，就是人类后天创造的一种寄予着主观精神，体现着人文气息、贴和自然、富于情趣、饱含艺术意境的美的环境景观。园林主要由山、水、建筑、植物四大要素组成，再加上径路、桥梁、室内装饰等综合而成。私家园林大多集中在南方，是因为南方地区具备造园所需的自然、经济与人文诸方面的条件。江浙乃古代鱼米之乡，盛产丝绸。繁荣兴盛的经济往来，给造园提供了充沛的物质条件。而江南气候温和湿润，雨水充足，江河纵横，水源丰富，植物生长旺盛，许多树木四季常青，花卉也是品种丰富，姹紫嫣红，此谢彼开，常开不败。而且江苏、浙江一带多产山石，苏州的湖石更是天下驰名，因其采自江湖水域，经过常年水流冲刷，石色深浅多变，纹理丰富纵横，体态玲珑多姿，最适宜赏鉴。这些都为园林的建造提供了丰足的山、水、石、植物供应。

拙政园始建于明朝正德年间，是弘治进士、御史王献臣弃官归隐苏州后，在唐代陆龟蒙宅地和元代大弘寺旧址处拓建而成的。名字取自晋

代文学家潘岳《闲居赋》中"筑室种树，逍遥自得……灌园鬻蔬，以供朝夕之膳，……此亦拙者之为政也"的句子，"拙政"二字，意显自己清高闲适的心境。王献臣兴建此园也是颇费心力，特意延请了当时著名的学士、吴门画派的代表人物文征明为其设计蓝图，终建成一清朗浅淡、近乎自然、风姿卓越的园林。但世事变幻，在王献臣死后，其子一夜豪赌，就将拙政园输给了别人。此后，沧桑变迁，屡易园主，后来，一园竟划为东、西、中三部。

明朝崇祯时东部园林归给了侍郎王心一，改名为"归田园居"。乾隆初期，已改为复园的中部园林归太守蒋氏所有。到了咸丰年间，太平天国的起义军进驻苏州，拙政园又被收归成了李秀成的忠王府。而太平军失败后，光绪三年，西部园林又被富商张履谦买下，定名为"补园"。新中国成立后，拙政园收归国有，1952年正式对外开放。1997年，联合国教科文组织将其列入世界文化遗产名录。

拙政园是苏州古典园林中面积最大的一座，占地面积达5.2万平方米，以"毫发无遗憾"的布局著称。总体布局是以水池为中心，水可以说是全园的纽带和灵魂。临水而筑各式亭轩楼阁，错落有致、主次分明，又借曲径等相互连接。山、水、石、池、林、亭、堂相互映衬融合，宛如天然。

入园后首先一座翠石叠嶂的假山挡住了视线，遮住园内的全

>>> 荷塘水榭，叠石汇涓。巧夺天工的人类智慧在苏州园林中得到了完善与统一。

部景致。绕过这座假山，前面豁然开朗，园中景物尽收眼帘。如此一收一放，欲扬先抑，是中国古典庭院式建筑的惯常用法，称为"障景法"。这样的设置安排，使得观赏过程峰回路转、曲折跌宕，富有节奏感。

中部园林基本保留了明代风貌，以水面为中心，利用山岛、洲渚及水的分流聚合，形成疏朗幽雅的特色，是全园的精华所在。约呈长方形的水面，占有中部园子1/3的面积，里面有东、西两座山岛，旁边架设了许多小桥和游廊把水面分成数块，岸线弯曲自然，有源源不尽之意。南岸有较多陆地，亭榭建筑主要集中于此。远香堂是中部的主体建筑，结构精巧、四面皆通，陈设精雅。匾额上的"远香堂"三字潇洒飘逸，为文征明所写。堂南为小池假山，竹木扶疏，重峦叠翠，清朗自然。堂北的池中伫立着东、西二山，山间遍植花木，野趣横生。西山上建一"雪香云蔚"亭，文征明手书的"蝉噪林愈静，鸟鸣山更幽"的诗句和元代倪云林所书的"山花野鸟之间"的题额悬于亭中，点出该亭特色。东山上的亭子名曰"待霜亭"，为欣赏秋景的佳处。两山之间，有溪桥相连，岸边散种藤萝灌木，山水掩映，绿意盎然。自远香堂向东，有绿绮亭、枇杷园、玲珑馆、嘉实亭、听雨轩、梧竹幽居等众多景点，都是景深意远，如园中对联所述："爽借清风明借月，动观流水静观山。"

在水池的中央还建有一座荷风四面亭，如名所指，这里四周遍植清莲，夏日荷花盛开，微风吹拂，荷香满堂，沁人心脾。亭西"柳荫路曲"的曲桥通向见山楼，太平天国时，此楼为忠王李秀成办公的地方。亭南的小桥则接"倚玉轩"，它临水而立，四面敞廊，可凭栏戏水、观望园景。折西即至"小飞虹"，这是苏州园林中极为少见的廊桥。桥南是小沧浪水阁，桥北是一座画舫，名为"香洲"，体态玲珑、轮廓丰富。香洲西南的玉兰堂相传是文征明作画之所。

从中园的门扉可至东园，为明代"归田园居"的旧址。这里地势主要有兰香堂、缀云峰、芙蓉榭、天泉亭、秫香馆等景点。兰香堂是东部主要建筑，厅中部的屏门南侧有一幅漆雕的《拙政园全景图》，把全园景色融于一壁。

拙政园的西部明静幽雅，回廊起伏，水波倒影，别具意境。其中心也是曲水环抱。水池南部立有一座鸳鸯大厅，分南北二大部分。北厅也叫三十六鸳鸯馆，因临池养有鸳鸯，清凉宜人，多用于夏秋观景。北厅隔水正对着假山上的小亭"与谁同坐轩"，此名取自北宋大诗人苏轼的诗句"与谁同坐？明月、清风、我"，契合了主人清高、孤寂的心境。

南厅因前面小院内植有一大片山茶花，便称作十八曼陀罗花馆，该厅宜于冬春临赏，装饰华丽精美，体现出江南建筑的精巧。

池东沿墙筑有一条呈波浪形的临水游廊，顺水荡漾，幽曲无尽，俗称为水廊，是苏州园林建筑中的又一典型形式。水廊透迤，楼台倒影，清幽恬静，别有一番情趣。

拙政园是苏州古典园林的典型代表，它在功能上宅园合一，可赏，可游，可居。这种建筑形态的形成，与人类渴望自然，心向天然的性情密切相关，是人类对自身居住环境的一种创造。而中国园林与世界其他园林体系比较，有着自己鲜明的民族特色。它不像西洋园林追求整齐划一的几何效果。它的突出核心是：遵循"有若自然"的原则，处处仿佛造化天成，排除人工化的痕迹。其亭台水榭、楼阁桥径、山石植卉都效法乡野，曲折多变，与自然山水密切融合，师法自然而又自有严格的章法、讲究和内涵，崇尚体现才思的意境之美。无论是园林的创作还是欣赏都不是一个简单过程，创作时要以情入景，欣赏时则是触景生情，情景交融，以景达情才为其根本目的。在建筑手法上主要通过匠心巧妙的总体布局和细致完善的局部设计来体现，大量使用借景来强化，即将建筑物的门窗

>>> 翠荷浮水、莲藕飘香的拙政园。

构化成"画框",将园林山水景致巧妙纳入其中,或以景衬景,彼此相应相扣,扩大园林的层次空间。园林中的建筑通常要与书画诗歌相结合,表现在园林厅堂的命名、匾额、楹联、雕刻、装饰以及花木寓意、叠石寄情等。这些不仅点缀园林,同时涵盖了历史、文化、思想等深广的精神内容,起到了揭示主题、深化意境的作用,营造出浓郁的文化氛围。

苏州园林是明清时期江南民间建筑的杰出代表,反映了这一时期中国江南地区高度发达的文明,体现了当时的审美品位与建筑工艺技术水平,曾影响到整个江南城市的建筑格调,并带动了民间建筑的发展。

品读札记

拙政园精巧雅致,清幽自然,既充满天然的意趣之美,又蕴涵了浓厚的人文气息,是中国园林文化自然美与艺术创造美巧妙结合的卓越成果,是镶嵌在苏州古典园林中的一颗璀璨的明珠。

>>> 布达拉宫达赖喇嘛卧室。

4 世界屋脊上的明珠
>>> 布达拉宫

人文地图

布达拉宫是集西藏的行政、宗教和政治于一体的办公所在地。该建筑群由白宫、红宫及其附属建筑组成,集古城堡、灵塔殿和藏传佛教寺庙为一体,又是历代达赖喇嘛居住的宫殿式建筑,自公元7世纪以来,它一直起着西藏佛都及传统行政管理中心的作用。其壮观建筑有民族独特性,华丽的装饰与周围秀丽的景色和谐统一,

增添了西藏历史文化的沉淀感和宗教意韵。宫中绘有大量壁画，是西藏地区的历史画卷，也是中国民族艺术的珍宝。宫中还藏有大量艺术品及经书和其他重要历史文献，具有极高的价值。

>>>布达拉宫的屋顶。

品读要点

　　青藏高原素有世界屋脊之称，气温寒冷，降雨较少，自然条件比较严酷，森林不多，而石材特别丰富。公元7世纪，西藏高原出现了吐蕃王国，随着与内地及东南亚关系的发展，佛教也在此时从印度和中原两个方面传入。吐蕃王松赞干布的两个妻子——唐文成公主和尼泊尔尺尊公主都崇尚佛教，对佛教的传入起到了推动作用。

　　藏式喇嘛庙可分为建在平地的和建在山麓的两种。平地寺庙常取接近于规整对称的形制，作为构图中心的主体大殿形象最为突出（拉萨大昭寺就是平地喇嘛庙的代表）；山麓地带的采取自由式布局，不求规则对称，但仍都遵循着一些布局的规则。另外，西藏还有一种称为"宗山"的政权建筑。所谓"宗"，是西藏一种地方行政单位，相当于中原的县。宗的政权中心多拥山而筑，居高临下，耸然挺立而为城堡，即为"宗山"。西藏最伟大的建筑布达拉宫，即地位最高的"宗山"，也是藏传佛教的圣地。

　　15世纪，来自青海的高僧宗喀巴在西藏实行宗教改革，创立

格鲁派，又称黄教。以后格鲁派势力渐强，不但在宗教上，在政治上也逐渐在西藏占据了优势。

达赖喇嘛是格鲁派两大活佛转世系统之一的称号。达赖全称是"圣识一切瓦齐尔达赖喇嘛"，意即"遍知一切德智如海之金刚上师"。布达拉宫不仅是西藏地方政权所在地，也是西藏佛教最大的活佛驻地。5世达赖到14世达赖，都把布达拉宫作为行使权力的中心，公元7世纪以来，共有9位藏王和10位达赖在这里居住过。1690年，为了安放5世达赖喇嘛的灵塔，开始修建红宫。1693年4月，主体建筑竣工。以后，布达拉宫又不断进行增修和扩建，形成了今天的规模。

布达拉宫是一座匠心独运的传统藏式建筑，依山建筑，共13层，高117米，东西长约420米，宫墙厚3～5米，占地面积约13万平方米，用石头和三合土砌成，坚固无比。宫墙外表向上倾斜，更显得雄伟壮观。

正中的宫殿呈褐红色，称为红宫，为历世达赖喇嘛的灵堂和习经堂所在地。两侧的宫殿呈白色，称为白宫，是达赖喇嘛处理政务和生活起居之所。

红宫在布达拉宫的中央，由8座灵塔殿和一些佛堂、经堂组成。各堂都有十几或几十个大殿，各殿以走廊和楼梯相连。佛堂供奉着佛祖和已逝的各世达赖的描金塑像，佛座上悬着色彩鲜艳的飘带，堂内香火不断，青烟缭绕，千百盏装满酥油的金灯日夜不熄。每座灵塔殿内都有一座灵塔，分别存放着5世达赖到13世达赖的尸骸（6世达赖没有建灵塔）。8座灵塔中，5世达赖的灵塔最大，上下贯通3层大殿，形如北京北海的白塔，高14.85米，底座面积达36平方米，从上到下包金，共用黄金3700多斤，塔上的各种图案花纹都是用钻石、珍珠、珊瑚、玛瑙镶嵌而成的。13世达赖喇嘛的灵塔最精致华美，灵塔高14米，塔身为银质，外面包着金皮，上面镶满各种宝石和珍珠。塔前还有一座0.5米高的珍珠塔，是用金线将20万颗珍珠、4万多块宝石串成的。其他灵塔也都包金镶玉，灿烂夺目。灵塔内放着各世达赖喇嘛的遗体，遗体均经过脱水及防腐处理。

>>> 布达拉宫用花岗岩砌筑，部分宫墙中灌注了铁汁。

经堂珍藏着大量古经卷，都是无价之宝。西大殿是红宫最大的经堂，一些重大的宗教活动都在这里举行。殿内的墙壁上绘有大量壁画，记载了5世达赖一生的事迹，其中《5世达赖朝见顺治

>>> 布达拉宫。

图》，描绘了他朝见顺治皇帝的隆重场面。5世达赖接受顺治册
封之后，历世达赖喇嘛都要接受中央的册封。殿内的另一幅壁画
描绘的是90多年前13世达赖进京觐见光绪帝的情况。

　　法王洞是布达拉宫内最古老的建筑之一，殿内有松赞干布和
禄东赞等人的塑像。禄东赞是当年松赞干布派往长安求婚的使
者。相传，唐太宗为了考测藏王使者的智慧，出了5道难题，禄
东赞凭着自己的聪明才智，将5道难题一一解决。唐太宗十分满
意，决定让他护送文成公主入藏。这一段故事也在汉藏民族交往
史上传为佳话。

　　白宫在布达拉宫的两边，东大殿是白宫内最大的宫殿，也是
达赖喇嘛举行活佛转世继承仪式和亲政大典的地方。从清代起，
规定达赖的灵童都要由清朝皇帝派大臣来主持"坐床典礼"，才

>>> 布达拉宫红宫。

能取得合法地位。东日光殿和西日光殿是达赖喇嘛的经堂，殿内有习经堂、会客室、休息室和卧室。每年藏历12月29日的"施食节"，这里都要举行小型的庆祝仪式。

布达拉宫山后有个龙王潭。当年5世达赖为修建这座宫堡，工匠在附近山坡采石，久而久之挖出了一个方圆几里的大坑，布达拉宫建成后，在这里修建了一座坛，供奉龙王，称为龙王潭，现已辟为公园。

布达拉宫的每座殿堂的四壁和走廊上绘着许多壁画，色彩鲜艳，画工细致，取材多为佛教故事和历史故事，内容大致分为4类：一是佛像和菩萨像；二是反映佛一生主要事件、宣扬佛教教义的故事，如释迦牟尼修道成佛的故事；三是达赖、班禅等历代高僧的传记画和肖像画，如宗喀巴创立黄教的事迹；四是重大历史事件和西藏风俗画，如松赞干布一生的业绩，文成公主进藏的盛况，修建布达拉宫的景象等。这些壁画形象地反映了西藏地区的风俗人情、历史传说、社会风貌和宗教概况，是西藏地区的历史画卷，也是中国民族艺术的珍宝。宫中还藏有大量的卷轴画、雕塑、玉器、陶瓷、金银器物等艺术品，以及经书和其他重要历史文献，具有极高的价值。可以说，古老的布达拉宫不但是举世瞩目的著名建筑，也是西藏的文化库。

 小贴士 龛：庙宇内部放置雕像的神龛，由两根柱子和一个山花框定。有时指由柱子框定的开口，如门或窗。

品读札记

布达拉宫是西藏现存最大最完整的古代宫堡建筑，也是世界上海拔最高的古代宫殿，被誉为"世界屋脊上的明珠"。

 **5 东方之珠的代表**

>>> 香港中国银行大厦

人文地图

香港中国银行大厦在香港比肩接踵的摩天大楼中，绽放着夺目的光彩。它高耸入云，气贯如虹，蕴涵着一种高贵的气质，在宏伟壮丽的城市背景下，展示了非凡的尊严和气派，是"东方之珠"标志性的建筑。

品读要点

香港中国银行大厦位于香港最繁华的中心商业地带，是著名的美籍华裔建筑大师贝聿铭的杰作。它在20世纪的80年代开始筹建，那时，中英两国正在进行有关香港归属问题的谈判，英资的老牌银行汇丰银行大楼就在咫尺之外如火如荼地建设着，这使得中银大厦的建造蒙上了政治的意味。同财大气粗的汇丰大厦比起来，中银大厦只有1.3亿美元的预算，而且它的地基面积只有8400平方米，是一块四周被高架道路捆缚着的土地。这对建筑师来说，不啻是一个艰巨的考验。这座大厦在建造时也是备受挫折。迷信风水的香港人认为它是不吉之物，因为大厦尖削的外形像个三棱的刀，会切去阴阳之间微妙的平衡，殃及尖角对应的邻居，这引起了许多反对之声。为此，中国银行香港分行和贝聿铭花了很多时间与港英当局的有关部门交涉，终于使设计施得以顺利进行。最后，在这场

暗含着两国、两个世界级大师的同城较量中，贝聿铭以完美的建筑造型、节省了1/3的钢材、造价比汇丰便宜几亿美元的业绩，占据了上风。

贝聿铭被誉为是建筑界的奇才，他在1917年出生于中国广州，祖辈是苏州望族。1935年，贝聿铭远渡重洋，到美国留学。他没有遵从父命学习金融，而是按照自己的爱好，进入了建筑系攻读。1979年，贝聿铭为约翰·肯尼迪图书馆所做的设计，以其新颖独特、大胆绝妙的建筑风格、高超卓越的建筑技术，在美国建筑界引起了轰动，被公认为美国建筑史上的最佳作品之一。因他的杰出表现，美国建筑界宣布1979年是"贝聿铭年"，并授予了他该年度美国建筑学院的金质奖章。从此，贝聿铭声名远扬，跻身于世界级建筑大师的行列。

贝聿铭一生作品丰富，有许多享誉世界的杰作。其中华盛顿国家艺术馆东馆、巴黎卢浮宫扩建的金字塔等，更是名垂建筑史的经典之作。他一生得到过无数的荣誉：1983年获得建筑界的诺贝尔奖——普利茨克建筑奖；1984年，由于北京香山饭店的设计夺得美国建筑师学会颁发的荣誉奖；1988年在卢浮宫玻璃金字塔落成典礼上，密特朗总统亲自授予他"光荣勋章"。贝聿铭善于把古代传统的建筑艺术和现代的最新技术相融合，并从中创造出属于自己的独特风格。贝聿铭曾说："建筑和艺术虽然有所不同，但实质上是一致的，我的目标是寻求二者的和谐统一。"他确实是用笔和尺在土地上谱写出了最壮丽的诗篇和最优美动听的乐谱。

香港中国银行大厦是贝聿铭所有设计方案中最高的建筑物。这幢高楼实际上也象征着贝氏事业的巅峰。大厦落成后，贝氏就宣布了退休。贝聿铭承接这项设计，与他对中国银行的特殊感情有关。他的父亲贝祖诒曾于1919年在香港创办了中国银行香港分行并任行长。小时候，贝聿铭经常到中行里玩，使他对这座建筑有一种亲切感。也正是因此，在完成了香港的中行大楼后，1989年，贝聿铭又指导儿子贝建中、贝礼中为北京长安街上的中国银行总部设计了中行总行大厦。

中国银行大厦位于香港的中环地带，俯瞰着秀丽的香港公园和繁华的维多利亚港，总建筑面积为12.9万平方米，大厦地上一共是70层，总高度为367.4米，其中建筑高度为315.4米，另52米是顶层天线的高度。中银大厦在建成时是香港最高的建筑物，在

>>> 贝聿铭画像。香港中国银行大厦是贝聿铭所有设计方案中最高的建筑物。这幢高楼实际上也象征着贝氏事业的巅峰。

>>> 中国银行大厦是当今世界最重要的现代建筑精品。香港汇丰银行大厦也是用现代技术文明表现建筑价值和意义的建筑作品。图为香港汇丰银行。

世界上居第5位。

　　据说中国银行大厦的设计灵感来源于一句中国的古老谚语："芝麻开花节节高。"它的外观是一个富于变化的奇妙的多面体。

　　其新颖独特的造型融合了传统与现代的因素，它的崛起，使整个香港建筑群的空间旋律更富于优美的节奏感。

　　整座大厦由四角12层高的巨型钢柱支撑，内外还附加着一系列混凝土的钢焊斜撑，室内无一根柱子。这使得大厦空间格外开阔，而且比传统方法节省了1/3的钢材。贝聿铭就用这样一个巨大的空间网架结构来支撑着整栋摩天大厦的重量。如同他自己的比喻，这种结构体好像是有着强壮外壁、坚韧圆管的竹子。香港处于

品读世界建筑地

>>> 香港中国银行大厦在香港比肩接踵的摩天大楼中，绽放着夺目的光彩。

台风地带，对抗风性与耐震度的要求要比一般城市为高。中国银行大厦充分利用这精妙的体系安然地承受了香港猛烈的台风袭击。

中国银行大厦建筑外墙则是以铝板为构架，装嵌着银色的反光玻璃，其透明的视觉效果，犹如多切面的钻石，昂首蓝天，璀璨夺目。它流光溢彩，反射着周围繁华的景致，华丽非凡。而大厦的底座是用深浅不一的灰色花岗石饰面，这样，既不与塔楼铝和玻璃的幕墙冲突，还有利于周围园林绿化的造型设计，使得大厦看起来仿佛是生根于地上。

中国银行大厦和贝聿铭的许多作品一样，具有动感十足的几何造型，从任何角度观赏都充满趣味。建筑界人士普遍认为贝聿铭的建筑设计有三个特色：一是建筑造型与所处环境自然融合，二是空间处理独具匠心，三是建筑材料考究和建筑内部设计精巧。他往往在设计中既保留着传统的建筑符号，又巧妙地使用现代的建筑材料和技术，以构思严密、设计精心、手法完全而著称于世。

此次，贝聿铭又一次发挥了他的设计天才，刻画出又一崭新

的建筑造型，以巧妙变换、节节升高的三角形体，预示了向上的建筑主题，具有强烈的几何雕塑感。十几层高的中庭让银行大厅充满着戏剧性的张力，让原本挤压阻塞的空间豁然开朗。大厦外墙为玻璃幕墙，这样光线就通行无阻，光与空间的结合使空间变化万端，"让光线来做设计"正是他一直贯彻的手法。而大厦两旁古朴典雅的中国园林设计，融入了中国传统文化的精髓，富有中国山水画的意境，显示着他一直追求的依托传统又超越传统的建筑风格。

贝聿铭在设计中国银行香港分行大厦时，曾把一本关于风水的书交给助手，让他根据风水规则评估自己的设计图样。贝聿铭对风水学在建筑当中的运用是相当看重的。他吸收了风水先生的一些说法。设计之初，中银大厦曾经设有一股泉水，后门进去，前门出来，但后来听说这个水是源，代表着财源，就是财，这样任其流走就是破财。贝聿铭就改进了自己的设计方案，增加了一个水池，用来蓄水。水到下面，就流进了池子，池中还可养鱼。按风水术的意思，这样就把财给蓄住了。

中国银行大厦是当今世界最重要的现代主义建筑精品之一。它以巧妙多姿、节节高升的崭新建筑造型，简洁明快、极富标志性的独特建筑风格，成为香港天际线的一个制高点。它贴合着中国人崛起的希望和信心，具有极强的现代感，在世界建筑史上留下了一段难忘的华彩乐章。

 **品读札记**

贝聿铭的建筑作品，常被称为是充满激情的几何结构，中银大厦非同一般的几何建筑形态也广受赞赏，有人把它比作"一个闪烁发光的金刚钻宝塔"。它的建筑设计糅合了高超的科学技术与卓越的艺术美感，在香港鳞次栉比的摩天大楼中是极富代表性的建筑。

6 世界上最古老的木造建筑
>>> 法隆寺

人文地图

　　日本的法隆寺是世界上现存最古老的木造建筑群，是日本第一个被列为世界遗产的寺庙。它巍然挺立千余年，是日本著名的飞鸟文化的杰出代表，整个寺庙就是艺术的天堂、日本民族的骄傲。

品读要点

　　法隆寺位于日本奈良县的斑鸠町，又名"斑鸠寺"。据说是公元7世纪初，圣德太子为了祈愿神明治愈其父用明天皇的病而始建的。圣德太子是日本历史上有名的君王。在他的领导下，日本的政治、经济和文化都得到了很大发展。他成功地统一了全国，并致力于内政改革，五度派出遣隋使，学习各种知识、技术和中国的文物典章制度，力求国家蓬勃发展。他信奉佛法，把佛教定为国教，亲自在宫中讲解佛经，撰写经文，意图树立一个全国共同信奉的宗教来削弱世袭贵族的势力，巩固皇权。在他的倡导下，国内很快就出现了弘扬佛法、竞造佛寺的局面，并勃兴出对后世有着重大影响的飞鸟文化。所谓飞鸟文化，是指在日本7世纪前后兴盛的以佛教为主体的艺术派别。从公元6世纪中叶佛教传入开始，以7世纪前半期圣德太子时代为中心，至大化革新止，有近100年的时间。因集中于飞鸟一带，史家通称为飞鸟艺术。飞鸟是7世纪日本的政教中枢，既是朝廷政厅所在，又是率先奉行佛教的圣地。日本最原始的诗

>>> 法隆寺五重塔立面图。

歌，最古老的寺院，最早期的佛像，都诞生在飞鸟。飞鸟文化是日本最早的佛教文化，综合了中国南北朝的时代风格，是日本建筑真正成体系发展的开始。法隆寺是飞鸟时代艺术成就的杰出代表，它金堂内的释迦三尊像是今天能确知年代和作者的保存最完好的飞鸟雕刻遗品。

　　法隆寺是日本的骄傲，也是日本建筑史研究的一个重点。但据《日本书纪》记载，670年法隆寺曾惨遭重大火灾，寺院塔堂悉数烧毁。日本学界认为，现在巍然挺立千年的法隆寺是在公元7世纪末至8世纪完全依照原样仿建的，其技术成分和样式特征都表现出早前年代的古朴风格，鲜明地展现了当初的飞鸟样式特征。圣德太子建造的原址现存的只有一小部分，叫做"若草伽蓝址"。这些建筑以凸肚状柱子、云形的斗拱和肘状文本为特点，

>>>法隆寺的五重塔和金堂。

采用了中国六朝建筑式样。

在1949年1月26日上午7时，法隆寺又发生火灾，西院的金堂大殿被毁。金殿及殿内的12幅壁画大部分被焚，这均是日本的国宝。此次火灾是日本历史上损失最为惨重的一次。火灾起因是工作人员在对殿堂进行检修时，荧光灯温度太高，烤着了佛堂内的可燃物，引起了大火。为了让日本国民记住这一惨痛的历史教训，日本政府文部省规定，从1955年起，每年的1月26日为文物的防火节。

法隆寺坐北朝南，分东西两院，西院有南大门、中门、回廊、金堂、五重塔、三经院、大讲堂、钟楼等建筑；东院有梦殿、中宫寺等寺殿，共有40多座古建筑，其布局和结构深受中国南北朝时代建筑的影响。寺院入口的木柱上标注着兴建年份为公元670年，这是法隆寺遭逢大火后重建的日子。原先建于公元607年的柱子，已在火灾中被毁。法隆寺内有17栋建筑被列为国宝级建筑，26栋被列为重要文化财产。除了这些历史建筑珍品，法隆寺还收藏了大批的珍贵文物，其中被定为国宝和重要文化遗产的就有190种，达数千件，这其中包括木雕的圣德太子像、惠慈法师坐像、梦殿的秘佛救世观世音立像。2米多高的苗条的百济观音像，玉虫橱子等许多"飞鸟时代"具有代表性的佛教艺术作品，都精美绝伦，价值连城。集工艺之精华的玉虫橱子，上有透雕的金银花蔓草纹，这种花纹的源流可追溯到波斯、希腊、东罗马等地，表现了西域文化对日本的影响。皇后所有的玉虫祭坛，最初是用上百万只闪光的甲虫翅膀镶嵌而成的，极为细致精巧，巧夺天工。西区的大殿中的青铜佛像，平静如水，闭目养神，露出幸福之意。它们和在丝绸之路上发现的佛教艺术风格极为相似。寺内还珍藏有祈祷世界安宁的经典《陀罗尼经》，被确认为世界上最古老的印刷品。

>>> 法隆寺金堂重檐细部。

法隆寺保存了飞鸟时代的建筑方法和特点，其布局、结构、形式深受中国南北朝建筑的影响。建筑主体采用木造结构，殿顶架起云形半拱，脊瓦覆盖之下是排排片瓦，屋脊两端上装饰有鸱尾，还有勾让式样装饰的栏杆，都极富中国南北时期的佛教寺院特征。此外，由于间接受到印度伽蓝（梵语中"寺院"的意思）的影响，寺院采用了完整的七堂形式，由门楼、寺塔、金堂、讲堂、钟楼、藏经楼以及回廊和僧房组成。根据迄今保存的寺院建

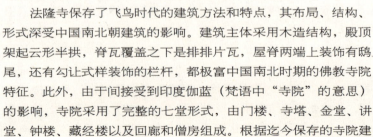

≫ 法隆寺空中俯瞰图。

筑和寺院图样来看，法隆寺型的基本特点是采用将金堂与寺塔置于东西两侧，以回廊环绕大殿的类型。建筑群体浑然一体，不仅注重整体效果，还考虑与环境的自然联系，和谐平衡而又不拘细节、洒脱大方。屋顶较为平缓的坡度，较长的飞檐都体现出水平方向的力度，给人以稳定的感觉。寺院大量使用木材作为建筑材料，既是就地取材的结果，也是满足木结构抗震的需要。

历经千年风吹雨打火烧的法隆寺对称和谐，橙色的栋柱以及白墙绿窗灿烂辉煌，绚丽夺目。一登山门，就会被其隽永的气氛深深感染。在日本，法隆寺第一个以寺院形式被联合国教科文组织定为"世界文化遗产"。

法隆寺内建于670年的五重塔是日本最古的佛塔，它是一座重檐四角攒尖顶的木结构建筑，表现出强烈的中国唐朝建筑的遗风。佛塔共分为5层，总高为32.45米。佛塔中心有一根中心柱，由下至上，直贯塔顶，支撑着塔的重量。佛塔各层空间都不是很大，层高也较小，底层的柱高仅有3米多，二层柱高只有1.4米，而且随着佛塔的升高每层依次缩小，屋顶的大小正好是底层的一半。和层高相比，佛塔的出檐很大，底层出檐竟达4.2米，这样整座塔层檐重叠，显得非常轻盈俊美、灵动飘逸，就像一只雄鹰，横渡大海，从中国飞来。

法隆寺中最著名的就是它的金堂。建于620年的金堂也称主殿，是法隆寺的本尊圣殿，里面安放着为供奉622年去世的圣德

太子而建造的释迦牟尼三尊像，中尊高为86.4厘米，左胁侍92厘米，右胁侍有93.9厘米，整个佛像呈三角形结构，十分稳定和谐，具体的雕刻更是美轮美奂、栩栩如生，表现出卓越的技法。释迦三尊身上披穿的袍服飘逸潇洒，面容庄重仁慈、温和文雅，由内至外，散发着和煦温暖的"古典式微笑"。

金堂外部有两层屋顶，看起来好似为两层建筑，但实际上室内只是一层。这样的设计使金堂显得高大气派、巧丽精致。金堂内壁都饰有壁画，从构图和技巧来说，都是超群绝伦的艺术珍品，代表着当时的最高艺术水平。

法隆寺内还有一处日本最古老的八角形建筑，这就是建于739年的梦殿。传说这座殿堂是因法隆寺的建造者圣德太子有一晚梦见了释迦牟尼的使者而建造的，故名梦殿。这是日本最古老的八角圆堂，设计得协调、优雅，给人一种神秘的感觉。殿中央是用花岗岩建筑的八角形佛坛，屋顶上镶嵌有漂亮华贵的宝珠。殿内本尊是救世观音像。在这座高雅的八角形建筑中有一座"隐身雕像"，这是圣德太子的立像，几个世纪以来，一直保存在这个寺庙中，和百济观音一样为人们所供奉。直到今天，在绝大部分时间里梦殿都不对外开放，只在每年的4月11日、5月5日、10月22日和11月3日才对外展示。

中宫寺是紧挨着梦殿的一个小尼寺，环境简单朴素，寺内的如意轮观音像一腿跷在另一腿上，一手抬至腮边，显出若有所思

的神情，被誉为是奈良雕刻的登峰之作，被定为国宝。

在金堂和五重塔后面是大讲堂，这里是寺僧学习佛教和做佛事的地方。

品读札记

法隆寺是世界上最古老的木建筑之一，也是日本国宝级建筑。它俊逸优雅，散发出浓郁的人文气息，是最能代表日本飞鸟美学艺术的极品。

7 神道的圣地 >>> 严岛神社

人文地图

严岛位于濑户内海，自古以来一直是神道教的圣殿。其协调有致的建筑显示了伟大的艺术品质和高超技术。浮现于大海和高山之间的神社，融合了自然美和人类所创造的美，并在色彩和形象的反衬下，完美地表达了日本自然之美的理念，体现了独特的日本文化特色。

品读要点

严岛神社位于宫岛，宫岛又称严岛，位于濑户内海广岛湾中，它周长28千米，面积约30万平方千米，风光极其明丽，是日本著名的三大岛之一。严岛中央矗立着海拔530米的弥山，覆盖着苍翠茂盛的原始林，山花烂漫地点缀其中，登高远眺，无边壮阔的海景尽收眼底，是绝佳的风景胜地。此处在很早就被日本当局定为特别史迹、特别名

胜。著名的严岛神社就在这里。

严岛神社始建于公元6世纪，800年前的平氏把它扩建到了现在的规模。整个神社建在海边，祀奉的是海神。主要建筑有祀奉主神的本社正殿、五重塔、千叠阁等，还有能舞台和长桥。其中有20多个社殿建筑以一条长达270米的朱红色回廊作为连接，雕梁画栋，华丽优雅。从回廊的柱栏间望出去，只见眼前形同一个画框，框内以海为底，上方是神社参差的树皮屋檐，屋檐上隐隐露出后面枫林掩映着的五重塔，简直就是一幅宁静美丽的日本风光画。

距离神社本殿200米的海上，有一处高达16米的鲜红色牌坊，为著名的大鸟居。每逢涨潮时分，神社的楼台亭榭、曲径回廊就如飘浮在海中，蓝色的海、绿色的岛和鲜红的神社形成鲜明的对比，如梦似幻，制造出令人屏息的美，人们称它是"龙宫城"。这种创新的搭建据说是平清盛的计划提案。平清盛是12世纪平安时代末期的著名武将，他操纵皇室，权倾朝廷，鼎盛一时。最后夺取了全国统治权，但在位时间不长，1185年的混战结束了其统治。整个宫岛都被平清盛供奉为一座圣殿，严岛神社与天桥立、松岛号称日本三景。1996年，严岛神社被指定为世界文化遗产之一。每年迎接约300万名旅客。

神社是日本固有的神道教的崇祀建筑，始于原始时期。神道教崇拜自然神，崇拜祖先，分为神社神道、教派神道、民俗神道三派。以神社神道为主流，存在至今。神社神道尊天照大神即太阳女神为主神，奉行政教合一，神化天皇世系，以8世纪成书的《古事记》和《日本书纪》为经典。主要内容是说从第一代神武天皇起，历代天皇都是天照大神的后裔，他们统一了日本诸岛，有天然的不可争辩的统治权。

神道教认为，人性神圣，人的人格和生活应该受到尊重。人对社会负责，有承先启后的天职。提倡以"真"为人生基本态度，从"真"可以衍生出"忠、孝、仁、信"各种美德。神道教的礼拜不固定日期，可以随时参拜神社，也可以初一、十五或祭日参拜。虔诚的人也有每天早晨参拜的。日本住宅里有天照大神和保护神的神龛，也有佛龛、祖先龛。主要的节日有春、秋两祭和例祭。春祭为祈年祭，秋祭为新尝祭。例祭也叫年祭，举行神幸式，信徒们肩抬神舆游行。

>>> 严岛神社大鸟居牌坊。

从古代时期起，人们就视严岛精神为神圣，敬畏地将其作为神来膜拜。早在远古时代，为了维护宫岛的"纯净"，就不准百姓在此出生和死亡。

主神社据传说是佐伯全本于公元593年建造的，供奉市仵岛姬命、田心姬命和端津姬命这3位镇海之神。因为从闭塞的海湾就能够看见神社，于是人们相信是神选中了这个地方岛屿。随着时代的变迁，神社的规模不断扩大，同时也不断遭受火灾、风暴潮、台风和泥石流等自然灾害的破坏。

日本历史上首次记载严岛神社的是《日本书纪》，时间为公元881年。它记载有严岛神社和其他著名的神社。在平清盛时代，它成为家族礼拜的地方，约在1168年，神社建筑主体已基本形成，当平氏家族的势力扩大时，膜拜神社的人也随之增加了。神社本身在皇家宫廷中也是知名的，天皇和宫廷里的人都参观过宏伟壮丽的神社。

在平安时期，轻松的文化气氛融入其中。古代日本音乐宫廷舞蹈，也始于这一时期。甚至当平氏家族衰落以后，平安时期的文化依然得到了广泛的传播。神社持续经历了稳定和繁荣的年代。

1207年和1223年，主神社被大火烧毁，尽管每个殿堂都得

>>> 严岛神社大鸟居牌坊远眺。

以恢复重建，但神社的布局和级别却发生了变化。因此1278—1288年神社走向衰落。1325年台风摧毁了神社，而那时的神社布局保持至今。

从镰仓时代到内战期间，经过动荡的政治局势，神社的影响也逐渐下降。尽管神社沦落到毁坏的地步，但当毛利基成1555年赢得战争并控制严岛后，神社重新得到尊敬，庄严的神社再次得到恢复。此外，丰臣秀吉在征服九州岛后也曾参观过神社，并命令在此建立大型的收集佛祖释迦牟尼言论的图书馆。

我们现在看到的神社主体建筑，出自于1168年平清盛的重建。他所主持的建筑为宏伟、壮丽的神殿打下了基础。

严岛神社由本社和摄社（神社的一种级别，介于本社和末社之间，祭祀与本社关系比较密切的神）的客神社组成，两个神社的社殿基本上都是由本殿、币殿、拜殿和祓殿构成，客神社的规模小一些。本社的中轴为西北方向，直达海中的大鸟居牌坊。客神社的中轴为西南方向。本社、客神社的本殿在建筑上都采用两面坡的屋顶形式，坡形屋顶一直延伸到屋檐上。神社区域内，有战国时代和桃山期文化时代所建的摄社大国神社本殿、天神社本殿、大元神社本殿、末社荒胡子神社本殿、丰国神社本殿（千叠阁）和宝塔等建筑。另有一座建于公元15世纪的五重塔，塔高27米，同五秀塔、巨大的千叠阁一起成为严岛的标志。

严岛神社旁，坐落着一座古老的能剧剧场，这是日本最古老的能剧剧场之一，建于1568年。通过一座朱色桥，来到清晨做祷告的朝座屋，里面陈列着舞乐节和4月中旬上演的能剧所需的服装和面具。附近的另一座建筑里收藏着数百件国家级文物和重要的文化遗产，其中包括平氏家族成员于12世纪60年代制的装饰精美的佛经、日本古代武器、兵具等数百件国宝。

在严岛神社内有一条极为陡峭的木拱桥，人若是走在桥上一定会从倾斜的桥面上滚下来。据说，此桥接通的是神社的真正的大门，只有在皇族莅临时才能启用，启用时必须在桥上再铺设上预制的木阶梯，皇族与侍从们就安全地鱼贯而过了。

在严岛神社前的海中矗立着一扇高大的大牌坊，即"大鸟居"，它是严岛的象征。这是人们最熟悉的日本文化标志和神道的代表物。目前的这座牌坊建于1874年，高16米，上栋宽24米，以楠木制成，两只大柱脚的圆周各为10米，相传这是为欢迎海中诸神驾临宫岛而设立的。其雄

伟独特的外形、朱红色的颜色与脚下深绿色的海水相映成趣。

神社建筑依山傍水，视野辽阔，是平安时代最显著的建筑成就。神社建筑在日本的发展与人们对自然的崇拜有很大关系。神社大厅描绘出一种祀奉的风格，并奉献敬意给永恒的山神和其他的自然物。这种结构设置与环境的完美融合，其本身就是一件艺术佳作，令其他神社难望其项背。神社的建筑物形式简洁凝练，轻盈飘逸，参差错落，层次极为丰富。古朴的丝柏皮屋顶，朱红色栋梁，映衬着背后的青山碧水，蓝天白云，分外美丽。每逢涨潮，白壁丹楹弄影于碧波之上，同四周明丽的风光相映成趣，有如一幅调和的图画，光彩照人，恍若海市蜃楼的神话境界。

品读札记

严岛神社是诠释日本精神文化的价值标本，它具体表现了神道教与佛教的异同，是非常有价值的文化遗产。

8 日本的金光丽影
>>> 金阁寺

人文地图

在一般人的印象中，富士山、艺伎和金阁寺是日本的三大典型代表。金阁寺因外部敷贴金箔而举世闻名，它灿烂华丽、金碧辉煌的楼阁、映衬着典雅秀丽的庭园，倒映在清澈涓盈的池水中，真是人间胜景。其荡人魂魄的美感竟使得寺内的一名和尚以火焚烧，更为它增添了离奇诡异的美感。金阁寺被指定为日本国家级特别史迹和特别名胜。

快速品读经典丛书 >>> 品读世界建筑史

🔍 品读要点

　　金阁寺位于京都西大路通与北大路通交汇处的衣笠山的山脚下。京都是一座拥有着悠久历史的古都，在二次大战期间未受到战火摧残，仍保持着传统古都的特殊风格，有许多过去时代留下的珍贵的历史遗迹。如明治维新前的旧皇宫，江户幕府时代德川家康大将军于1603年所建的宅邸等，还有1631座佛寺，267座神社，以及数不清的庭园和名胜古迹。

　　金阁寺是京都著名的古迹之一，它坐落在京都市区西北角一个美丽的湖边。正式名称为"临济宗鹿苑寺"。它建于1379年，是足利幕府的第三代将军足利义满所建立的别庄。足利义满死后，按照他的遗言，将别庄改为禅寺，并取其法号"鹿苑院殿"中的两个字，命名为鹿苑寺。足利义满是日本赫赫有名的人物，称得上是日本历史0上雄才大略的政治家，他10岁就当上了将军，确立了日本的幕府统治，是政权的实际把持者。他喜好豪华奢丽，又受禅宗影响，对文化兴趣广泛，一手促成了光耀纷呈的北山文化。这一时期的文学、艺术都得到了很大的发展。到了1392年，为了维持幕府的安定，足立义满让位给儿子义持，自己则转为太政大臣。1397年，足利义满接承了京都衣笠山东麓西园寺家的北山殿作为隐居之处，在那里修建了一幢规模宏大的别墅，包括有舍利殿、护摩堂、杆法堂、法水院等佛教建筑，还有震殿、公卿间、会堂、天镜阁、拱北楼、泉殿、观雪亭等住宅建筑。其中位于镜湖池畔的安置佛舍利的舍利殿是整个建筑群中最突出的建筑。随着岁月流逝，别墅里的许多建筑，或拆掉，或坍塌，或废弃不用，只有它一直巍然峭立。金阁周围还有一个优雅的池泉回游式庭园。庭院池子里，表现佛教世界的奇岩、鹤岛、龟岛、九山八海，样样俱全。这种以金阁为中心的庭院和建筑设计是佛家极乐净土思想的体现，同时也是室町时代北山文化的代表形式。建造这个金阁寺的时候据说用了100万贯文的金钱，当时一石米约一贯文，如果以现在的金钱来换算，将近有数十亿人民币。

　　金阁寺美得无以言明、美得惊魂夺魄，关于它的美还有一个奇烈凄异的离奇故事。原来当初足利义满所建的金阁已经在1950年被金阁寺内一位年轻的和尚一把火烧毁了。现在大家所看到的是1955年在原址上按照原来尺寸重新仿制的。纵火烧毁金阁寺的僧侣在审讯中，直言自己做出这种疯狂行径的原因是"对金阁寺的美感到嫉妒，所以把它烧了"。日本

木瓦(Shingle)：一片片用来取代瓦片的木板。

>>> 金阁寺和水中倒影。

著名的作家三岛由纪夫以这一轰动日本的纵火案为主题，写下一部小说《金阁寺》。描写金阁寺中有一位口吃的年轻小和尚为金阁寺的美而神魂颠倒，后来，他竟日积奇想，认为在火焰中燃烧的金阁寺才是最美的。终于，他点起了熊熊烈焰，亲手来制造那到达极致的金阁寺的美。这本小说使得金阁寺更加声名大噪，增添了一种奇异瑰丽的风情与韵味。

到了1987年，由于风吹日晒，岁月侵蚀，金箔日渐脱落，为此金阁寺进行了一次大修。工人们将金阁寺约300平方米大小、分为好几层的屋顶破瓦剥除，并重新铺上了厚约3毫米的新瓦片，并用纯金锡箔一张张地点贴，手工十分细腻精致。三层屋顶上的凤凰也被取了下来，重新用金箔加以修补。整个工程的耗费约在1亿日元。修缮后的金阁寺又焕发出昔日绝美的容颜。

　　整座寺阁共分为三层，层与层的建筑形式都不尽相同。寝殿、武家和唐样，三种建筑风格巧妙地结合在一起。一层"法水院"为藤原时代的寝殿造形式；二层"潮音洞"安放着观音像，为镰仓时代的武家造；三层"究竟顶"是正方形的佛堂，供奉着三尊弥陀佛，为中国唐风的禅宗佛殿造形式。其中，第一、二层是按中古贵族住宅的形式建造，使用了带方格子的板窗。第三层内共有三间，中央是镶有唐式花纹的板门，左右两侧的窗子镶有花卉图案，正是佛堂的造型。二层、三层的内外装饰着多达10万枚的金箔，金碧辉煌、华丽耀眼，金阁的称号也由此而来。

　　金阁寺的顶端是方锥宝塔形的阁顶，栖着一只镀金的铜凤凰，经受着长年的风霜雨打，依然抖擞地展着光灿灿的双翅，似乎永远在时间中翱翔，为美丽的金阁增添了耀眼的光辉。人字形屋顶的钓殿伸向平展的池面，打破了整体的单调感，使得金阁寺方正简单的建筑格局有着灵动的变化。屋顶坡度比较平缓，屋檐下的椽子稀稀疏疏，木工精细，轻巧而优美。

　　金阁寺住宅式的建筑，配以佛堂式的造型，和谐幽雅，是庭园建筑的杰作，表现了足利义满吸收各种文化的格调与品位。这幢"四周明柱、墙少的建筑物"，使人联想起船的结构，而下面的一池碧波则给人以海的象征，金阁就像是一艘渡过时间大海驶来的美丽的船。

　　金阁寺可说是北山文化的代表建筑，其庭园设计采用优雅的池泉回游式庭园造型，更有独到之处。它依镜湖池而建，金碧辉煌的倒影在水中摇曳，华丽而又如梦似幻，衬托出豪华中的宁静。镜湖池中有奇石与泥岛，旁有小山丘成为金阁的背景。金阁与小山、湖水交相辉映，形成了如画般的细腻景致。

　　环绕着金阁修建的镜湖池，面积约有6600平方米。依净土庭园的说法，这样的池塘叫做"七宝池"，池中比拟着佛世界中的九山八海石等奇岩名石设立了许多岛屿。镜湖池旁书院庭园的陆舟之松，被称为"京都三松之一"。传说这棵五叶松是足利义满亲手种下的，至今树龄已有600多年。它永不疲倦地见证着金阁的沧桑变幻。

　　金阁寺除了主建筑外，还有一个典雅的亭子十分著名。它叫做夕佳亭，木制，从外观看好似一幢农家小屋，面积不大，茅草覆盖着屋檐，亭内还设有独特的棚厦和南天床柱。这是江户时代的茶道家喝茶赏景之处。日本茶道，享誉全球，其特色在于讲究礼法，而且结合禅宗精神和简朴抽象之美。茶室通常是体会静寂意境的最佳场所。在这个小亭子里，临风品茶，观赏夕阳佳景，真是令人心旷神怡。不过当初的古建筑

已经全部烧毁，现在的夕佳亭是明治年间重新建造的。

夕佳亭的近旁，有一残存的池塘，叫安民泽。池中间浮游着一座荒岛，岛上安置着一座白蛇冢，幽清凄迷，似乎笼罩着一种神秘的气氛。而位于夕佳亭西侧的拱北楼，据说是足利义满的起居场所。义满用来点茶的银河水、用来洗手的严下水都是有名的泉池。在拱北楼附近，遍植枫树，秋天到来，这里枫叶如火，红艳如云，是赏枫的绝佳胜地。

除上文提及的陆舟之松、夕佳亭、白蛇冢之外，金阁寺的庭园还有许多不同的造景，包括银河泉、严下水、龙门之淹、登龙门、鲤鱼石等。其实这里面许多景致都取材自中国的民间故事。例如鲤鱼石就是鲤鱼跃龙门的造景，而白蛇冢则是来自著名的白蛇传了。

纤巧而精致的金阁寺，荡漾在澄净的镜湖池中，茵绿寂静的潭水倒映着以蓝天白云为背景的金阁寺，呈现出远古的气息和幽深的意境。每当阳光普照，金阁寺会闪闪发亮，金影婆娑，显示出灿烂辉煌的气派。而日暮黄昏，池水形成飘忽不定的倒影，反射到金阁各层的檐端里，迷离瑰丽，挟着一种宏伟的气势。金阁犹如夜空中的明月，如梦如幻。在黑暗中，美丽而细长的柱子结构，从里面发出微光，稳固而寂静地坐落在那里。

品读札记

金阁寺是日本宝贵的文物和著名的旅游点。金阁寺华丽、不羁、销魂夺魄，将所在时代的传统文化和新兴的武家文化融为一体，是室町时代的代表作。金阁寺不仅被国家指定为特别名胜，还是闻名遐迩的世界文化遗产。